BAUTEN DER INDUSTRIE UND TECHNIK
IN NORDRHEIN-WESTFALEN

die industriedenkmal stiftung

Herausgegeben von der
Stiftung Industriedenkmalpflege
und Geschichtskultur
Geschäftsstelle Kokerei Hansa
Emscherallee 11 · 44369 Dortmund

Tel. 0231 9311220
Fax 0231 93112210

Mail: industriedenkmalpflege@t-online.de
Internet: www.industriedenkmal-stiftung.de

Gefördert mit Mitteln des Ministeriums
für Arbeit, Soziales und Stadtentwicklung,
Kultur und Sport des Landes NRW

Gneisenaustraße 2 · 10961 Berlin
Umschlaggestaltung und Layout:
Gudrun Fröba
Druck und Bindung:
U.N.Z.E. Druckgesellschaft GmbH
ISBN 3-88747-145-8

AXEL FÖHL

BAUTEN *der* INDUSTRIE UND TECHNIK *in* NORDRHEIN-WESTFALEN

: TRANSIT

INHALT

Vorwort der Stiftung Industriedenkmalpflege und Geschichtskultur

Das Land zwischen Rhein und Weser ist überreich an Denkmalen und Spuren seiner Industriegeschichte. Davon zeugen nicht nur die Anlagen der Großindustrie, wie sie im Ballungsraum Ruhrgebiet zu finden sind, sondern auch zahlreiche Relikte der industriellen und gewerblichen Vergangenheit in den übrigen Regionen Nordrhein-Westfalens. Um dieses reiche industrielle Erbe und die Chancen seiner Erhaltung sowie Neunutzung vielen Menschen bekannt zu machen, hat das Land Nordrhein-Westfalen das »Jahr der Industriekultur 2000« ins Leben gerufen – für die Stiftung Industriedenkmalpflege und Geschichtskultur ein willkommener Anlass, ein Buchprojekt zu initiieren, mit dem eine Lücke geschlossen werden soll.

In der nun vorliegenden Publikation gibt der erfahrene Industriedenkmalpfleger und Autor Axel Föhl den ersten längst fälligen Gesamtüberblick über die erhaltenswerten industrie- und technikgeschichtlichen Bauten und Anlagen in Nordrhein-Westfalen. Gleichzeitig ist das Buch eine Rückschau auf die letzten dreißig Jahre der Industriedenkmalpflege in NRW. Wir freuen uns über dieses gleichermaßen kompetente wie ansprechende Werk, das dem Leser den Zugang zum Thema Industriedenkmalpflege leicht macht.

Die nordrhein-westfälische Stiftung Industriedenkmalpflege und Geschichtskultur versteht sich als ein Instrument nachhaltigen Strukturwandels. Sie wurde 1995 als die bundesweit erste Stiftung gegründet, die den Erhalt von Industriedenkmalen sichert. Ihre Aufgabe ist es, Industriedenkmale, für die sich momentan keine Nutzung abzeichnet, vor dem Abriss zu retten, sie zu erhalten, sinnvoll zu nutzen, wissenschaftlich zu erforschen und öffentlich zugänglich zu machen. Bislang zählen zwölf Denkmale der Montangeschichte dazu, jedoch ist die Stiftung auch für alle anderen Industriezweige offen. Die Stiftung übernimmt die Anlagen von dem Voreigentümer gegen eine Kapitaleinlage in Höhe der fiktiven Abbruchkosten.

Die Bausicherungs- und Instandsetzungsarbeiten nehmen erfahrungsgemäß Zeit in Anspruch, wertvolle Zeit, um die Denkmale langsam wieder mit Leben zu erfüllen und sie auf neue Nutzungen vorzubereiten. Das sind schwierige, aber auch lohnende Herausforderungen. Viel Öffentlichkeitsarbeit ist notwendig, um die Akzeptanz für die manchmal sperrigen Industriedenkmale zu erhöhen. Für die Stiftung ist es ermutigend, dass es bereits an vielen Orten in Nordrhein-Westfalen gelungen ist, markante Zeugen der Industriegeschichte in Konzepte der Landschaftsplanung und Stadtentwicklung, des Denkmalschutzes, der Wirtschaft und des Tourismus einzubinden.

Gleichwohl sind zahlreiche der von Axel Föhl vorgestellten Gebäude und Anlagen in Zeiten des rasanten Strukturwandels vom Abbruch bedroht. Darum soll dieses Buch dazu beitragen, dass die Menschen das industriehistorische Erbe als Chance und Potenzial für die Zukunft begreifen und sich verantwortungsbewußt und aktiv für dessen Erhalt einsetzen.

INDUSTRIEDENKMALPFLEGE IN NORDRHEIN-WESTFALEN

Der Aufbruch um 1970

»Was die Menge der industriellen Denkmäler des 19. Jahrhunderts angeht«, tat im Dezember 1974 der Darmstädter Lehrstuhlinhaber für Technikgeschichte, Ákos Paulinyi, vor der »Gesellschaft für Westfälische Wirtschaftsgeschichte e.V.« in Dortmund mit Bezug auf Nordrhein-Westfalen kund, »so hat dieses Land in Deutschland den gleichen Stellenwert wie England in europäischer Sicht.« Der, der dieses Adelsprädikat an unser Bundesland vergab, wußte, wovon er sprach: Hatte er doch in seinem Vortrag zuvor die Situation der »Industriearchäologie«, wie diese neue Forschungsdisziplin seit etwa 1955 genannt wurde, europaweit analysiert. Unter den Zuhörern in Dortmund saßen im Dezember 1974 zwei frisch gebackene »Industriearchäologen«, die seit Ende 1973 in Münster, seit Mitte 1974 in Bonn in den beiden Denkmalfachämtern für diesen neuartigen Sektor der Denkmalpflege angestellt worden waren. Es waren damals die ersten – werdenden – Fachleute, die ausdrücklich mit dieser Aufgabe betraut wurden. Lange Zeit sollten es die bundesweit Einzigen dieser Art bleiben. Die Geschichte hatte natürlich, wie alle Geschichten, einen historischen Vorlauf, und der hatte – zur Mahnung an die Zunft der Denkmalpfleger sei daran erinnert – seine Ursprünge bei aufmerksamen und dann auch handlungsbereiten Bürgern außerhalb der Zunft.

Im Zuge der Gründung der Ruhrkohle AG als Antwort auf die nach den Boomjahren der 50er einsetzenden Kohlekrisen geriet eine ganze Anzahl altehrwürdiger Steinkohlezechen des Ruhrgebietes unter Rentabilitätsdruck und sollte abgerissen werden. Dazu gehörte auch die zur Gelsenkirchener Bergwerks AG gehörende Schachtanlage 2/4 der Dortmunder Zeche Zollern, insbesondere ihre 1902/03 errichtete zentrale Maschinenhalle, ein in der Folge als »Jugendstilhalle« bezeichnetes, lichtdurchflutetes Stahlfachwerkgebäude. Seit Abbruchabsichten für diese Halle bekannt geworden waren, bemühte sich Hans P. Koellmann, damaliger Direktor der Werkkunstschule Dortmund, um die Erhaltung dieses Bauwerks, das die Berliner »Bauwelt« im Mai 1969 als »Entdeckung des Jahres« präsentiert hatte. Im Oktober dieses Jahres verdichteten sich Koellmanns Rettungsversuche in einem Brief an den Ministerpräsidenten Kühn in Düsseldorf, in dem die Leiter der Düsseldorfer Kunsthalle, Ruhrberg und Harten, die Künstler Uecker, Graubner sowie Bernhard und Hilla Becher und die Architekten Koellmann und Döring ersuchten, die Maschinenhalle von Zollern 2/4 als »ein Stück der überlieferten Industrielandschaft zu erhalten«. In vergleichsweise rasender Geschwindigkeit wurde dieses kulturelle »Bürgerbegehren« vom politischen

Zollern II/IV, Seitenportal des Maschinenhauses von Krohn/Möhring

Raum aufgesogen. Kulturausschuss des Landtages mit seinem Vorsitzenden Hans-Joachim Bargmann, Kultusminister Holthoff und schließlich der Ministerpräsident in dem im März 1970 verabschiedeten »NordrheinWestfalenProgramm 1975« erklärten: »In Zukunft wird die Landesregierung verstärkt die Erhaltung wertvoller Bauwerke sichern, die für die technische und wirtschaftliche Entwicklung des Landes charakteristisch sind. Dazu gehören u.a. Fördertürme, Maschinenhallen, Schleusen und Schachtgebäude.« Zwei Millionen Mark wurden zu diesem Zweck in den Landeshaushalt eingestellt. Dauerhaftes Erinnerungszeichen dieser Aufbruchstimmung war und ist die vom Land finanzierte Umsetzung des 1940 von Fritz Schupp und Martin Kremmer errichteten Fördergerüstes der Dortmunder Zeche »Germania« auf das soeben erweiterte Bergbaumuseum in Bochum, eine nicht im engsten Sinne denkmalpflegerische, aber unmissverständlich wahrzeichenhafte Tat.

Dass noch viel Aufklärungsarbeit zu leisten war, bewies die nicht eben enthusiastische Reaktion der Wohnumgebung des 1928 gegründeten Museums. Die Einbeziehung der baulichen Hinterlassenschaft der technisch-industriellen Arbeitswelt in den Bestand des Erhaltenswerten nämlich war damals nicht nur dem allgemeinen Publikum, sondern auch dem allergrößten Teil der Fachwelt kaum vermittelbar. Dass letztere sich schwer tat, ist vor allem damit zu erklären, dass die »Mutterwissenschaft« der Denkmalpflege, die Kunstgeschichte, als eher konservatives Fach dem »Wahren, Guten, Schönen« verhaftet blieb und sich lange Zeit nahezu ausschließlich mit den in Stilepochen einteilbaren Phasen der Hochkultur befasst hatte. So galt es noch Anfang der 70er Jahre als nahezu ungehörig, Bauwerke, die nach etwa 1840 entstanden waren, als denkmalwürdig zu betrachten. Das änderte sich u.a. mit dem Deutschen Kunsthistorikertag 1970 in Köln, wo, nicht zuletzt unter dem Einfluß der »Studentenrevolution« der späten 60er Jahre, neue Fragestellungen behandelt wurden. Die Tatsache, dass es dabei Referate über Arbeitersiedlungen gab, signalisierte, dass man den Kulturbegriff auch auf die Alltagskultur auszudehnen sich anschickte und dass die Betrachtung architektonischer Vergangenheit um die Dimensionen der ökonomischen und sozialen Geschichte erweitert werden sollte.

Aktueller Kampfplatz dieser tektonischen Verschiebungen waren, vor allem in Nordrhein-Westfalen, die zahlreichen Arbeitersiedlungen oder »Kolonien« der Zechen und Hütten des Ruhrgebietes. Inhalt des Kampfes war dabei die Forderung nach ihrer Erhaltung als Ort humaner Lebensmöglichkeiten, aber auch als Erinnerungszonen an die spezifische Geschichte des montanindustriellen Ballungsraumes. Was sich nämlich fernab universitärer Seminare in den Gebieten vor allem montanindustrieller Monokulturen wie dem Ruhrgebiet, dem Aachener oder saarländischen Steinkohlerevier, weniger auffällig aber auch in den Regionen der traditionellen Textilindustrien abspielte, war nichts weniger als eine ökonomisch-soziale Revolution. Ganze Branchen wurden rapide obsolet. In einer Frühform der »global economy« verdrängte das von weither importierte Öl die Steinkohle als industriellen und häuslichen Brennstoff, sorgten Importe von Textilien aus fern gelegenen Weltregionen für das Verschwinden eigener Produkte vom Markt und damit für das Brachfallen von Zechenanlagen, Hochofenwerken und Textilfabriken, kurz: Der Verfall und Abbruch historischer Zeugen des Weges zur Industrienation stand bevor. Das Schicksal der bei der Entstehung der Ruhrkohle »ausgegründeten« Werkswohnareale verwies auf ein weiteres gesellschaftliches Problem: Sie gingen in der Regel an frühe »developer«, die die Zechenkolonien abrissen und – in schönem Einklang mit den verheerenden Folgen der »Charta von Athen« mit ihren Ideen rigoroser städtischer Funktionsentflechtungen – »Punkthochhäuser«, umgeben von Abstandsgrün und umtost von »autogerechten« Zubringerstraßen hochzogen, in denen, wie sich bald herausstellte, keiner so recht leben mochte. Wenn auch die 1971 einsetzenden Publikationen der Denkmalpflege nicht explizit auf die soziale Seite des Problemes eingingen, schärften sie doch das Bewußtsein aufgeklärter Planungshandelnder für den umfassenden Wert industriehistorischer Areale. Das 1972 erstmals erschienene Arbeitsheft des Landeskonservators Rheinland »Arbeitersiedlungen 2« macht bereits auf dem Titelbild klar, worum es geht: Hier überragen zwei 22-geschossige Wohnhochhäuser – auf dem Areal abgerissener Bergarbeiterhäuser entstanden – die im Vordergrund sichtbaren, von Gärten umgebenen Siedlungshäuser der Duisburg-Homberger Zechenkolonie »Johannenhof«.

Von hier zu der Überlegung, dass zu den Werkssiedlungen ja auch die Werke selbst gehören, war es kein weiter Weg. 1971 stellte ein »Arbeitsheft 2« des Landeskonservators Rheinland »Die Stolberger Messingindustrie« vor als Beleg dafür, dass nun auch die Produktionsstätten der Frühindustrialisierung zum Arbeitsbereich der Denkmalpflege gehörten. Wie wir sehen werden, gab es für diese Beschäftigung bereits eine längere Tradition. Wirkliches Neuland betraten die Denkmalschützer in Bonn dann mit dem Titel »Die Eisenbahnbrücke über die Wupper bei Müngsten«, einem 1999 hundert Jahre alt gewordenen Bauwerk der Hochindustrialisierung. Viele einschlägige Industriebau-Titel folgten bis 1980 in der Reihe der »Arbeitshefte«, die mit ihrem broschürenartigen, für geringes Geld erwerbbaren Charakter allein schon ein Novum unter den Publikationen deutscher Denkmalämter ausmachten: bislang kamen Denkmalpflege-Texte in Leinen gebunden und auf Kunstdruckpapier daher, was bis zum heutigen Tage noch immer eher die Regel als die Ausnahme ist. Landeskonservator Günther Borchers, als Architekt an der Spitze eines Landesamtes ebenfalls eher die Ausnahme als die Regel, hatte sich in seiner Amtszeit von 1970 bis zu seinem frühen Tod 1979 entschieden für die Ausweitung der Arbeit der Denkmalämter in zeitlicher (Einschluss des 19. Jahrhunderts und der Moderne) wie inhaltlicher (Einbezug des profanen Wohnbaues und der Industriearchitektur) Hinsicht engagiert. Das für Deutschland in Zusammenarbeit mit dem Rheinischen Denkmalamt vorbereitete »Europäische Denkmalschutzjahr 1975« war in vielen Hinsichten ein Gipfelpunkt des Denkmalschutzgedankens. Nie zuvor oder danach hatte die scharfsichtige Analyse der Nachkriegsentwicklung in architektonischer wie städtebaulicher Hinsicht zu so energischem Handeln bei der Korrektur von als Missständen erkannten Entwicklungen geführt. Der Gedanke des Denkmalschutzes als eines Mittels der Remedur für Fehlentwicklungen führte zu großzügigen Aufstockungen der Personalbestände deutscher Denkmalämter wie ebenso nie vorher oder nachher wieder geschehen. In Nordrhein-Westfalen gab es seit 1973/74 in Münster und Bonn je einen Referenten für Industriedenkmalpflege. In diesem Bundesland sollte der Bestand bis zum Jahr 2000 auf fünf Fachleute anwachsen. Nach und nach gesellten sich andere Bundesländer hinzu, u.a. das Saarland und Baden-Württemberg. Heute arbeiten zwölf spezifische Fachleute in acht Bundesländern, wobei vier der fünf neuen Länder einen Spezialisten ausweisen. Auch hier waren es – noch zu Zeiten der DDR – eher Kräfte von außerhalb der Denkmalpflege, die die Entwicklung vorantrieben. Markstein war die 1973 erfolgte Publikation zweier Hochschulleute, Ottfried Wagenbreth und Eberhard Wächtler, »Technische Denkmale in der DDR«, die, vor allem mit Hilfe von Vorarbeiten bestimmter Sektionen des »Kulturbundes« die Aufmerksamkeit auf dieses Feld lenkten. Zwar betonte das 1975 verabschiedete »Gesetz zur Erhaltung der Denkmale in der Deutschen Demokratischen Republik« die Bedeutung der »Denkmale der Produktions- und Verkehrsgeschichte … industrielle(r) und bergbauliche(r) Anlagen … Verkehrsbauten und Transportmittel«, aber es hat den Anschein, dass die eigentlichen Denkmalbehörden entgegen dieser Hervorhebung im Gesetz nicht die Gelegenheit bekamen, sich dieser Betonung entsprechend mit den Zeugen der Industrie und des Verkehrs auseinanderzusetzen. Die großmaßstäbliche Vernichtung vieler Anlagen des für die industrielle Entwicklung so bedeutenden Mitteldeutschland fiel dann ironischerweise in die Phase nach der »Wende«, wo es am einfachsten schien, Arbeitsbeschaffungsmaßnahmen in Form hoch bezuschusster Abbruchaktivitäten zu organisieren.

Im Westen gab es für den Bereich der Industriedenkmale nur im letzten hier verabschiedeten Landesdenkmalgesetz, dem nordrhein-westfälischen, einen der DDR-Formulierung entsprechenden, präziseren Passus: Hier wird ein öffentliches Interesse an Erhaltung formuliert, wenn Bauten und Anlagen Bedeutung haben »für die Entwicklung der Arbeits- und Produktionsverhältnisse«. In anderen westdeutschen und nach der Wende auch mitteldeutschen Landesgesetzen findet sich mehrmals die Formulierung der »technischen«, »technologischen« oder »technisch-wissenschaftlichen« Bedeutung (Brandenburg, Bremen, Hessen, Rheinland-Pfalz, Saarland, Sachsen, Sachsen-Anhalt, Thüringen). Allein Mecklenburg-Vorpommern übernimmt fast inhaltsgleich zu Nordrhein-Westfalen die Formulierung »bedeutend für die Entwicklung der Arbeits- und Wirtschaftsbedingungen«. Hinzuzufügen ist allerdings, dass auch in sämtlichen anderen Ländern mit der durchgehend gebrauchten Formulierung einer »geschichtlichen« Bedeutsamkeit der frühere Engpass des Denkmalwertes allein der künstlerisch bedeutenden Bauwerke überwunden ist.

Vorgeschichte: Die Jahre um 1910

Soweit also der Vergleich der rechtlich-definitorischen Voraussetzungen für Industriedenkmalpflege in der gesamten Republik. Kehren wir zurück nach Nordrhein-Westfalen. Zu den bereits genannten Vorbedingungen einer frühzeitig entwickelten politisch-administrativen Aufmerksamkeit kommt noch eine weitere, den damaligen Akteuren wohl in ihrer Mehrzahl gar nicht einmal bewusste Tatsache hinzu. Es gab in diesem Teil Deutschlands Mitte der 1970er Jahre eine bereits über sechzig Jahre zurückreichende Tradition auf diesem Gebiet. Verblüffend früh, am Ende des ersten Jahrzehnts des Jahrhunderts, das Deutschland eine so enorme wirtschaftlich-technische Entwicklung – freilich auch ein ins Hochtechnisierte gesteigertes militärisches Vernichtungspotential – bescheren sollte, 1910 nämlich, präsentiert das Jahresheft einer seit 1907 bestehenden Publikationsreihe, der »Mitteilungen des Rheinischen Vereins für Denkmalpflege und Heimatschutz«, einer mit leicht verändertem Namen noch heute bestehenden Institution, ein Themenheft »Industriebauten«. Diese über 50 Seiten umfassende Veröffentlichung konfrontiert zu exakt gleichen Teilen »geschichtliche Industriebauten« mit »neuzeitlichen (d.h. im oder kurz vor dem Jahr 1910 entstandene, d.Verf.) Industriebauten«. Noch heute beeindruckt die unmittelbare Nähe der aufs Historische gerichteten Denkmalpflege zum aktuellen, als vorbild-

Frontispiz des »Rheinischen Vereins«-Heftes zum Industriebau, 1910

lich betrachteten Baugeschehen. Man wünschte der heutigen Denkmalpflege angesichts solchen Engagements für das Zeitgeschehen des öfteren mehr Mut, unter Hinweis auf historische Qualitäten mehr Sinn für die Güte aktueller Architekturtätigkeit einzufordern und mit Blick auf architektonische oder städtebauliche Fehlentwicklungen nicht stets den Rückzug aufs Bewährt-Historische, für das man eine gleichsam approbierte Kompetenz besäße, zu praktizieren.

1910 jedenfalls, ganz im Gründerschwung des im Oktober 1907 entstandenen Deutschen Werkbunds, ließen sich auch die Mitglieder des Rheinischen Vereins für Denkmalpflege in die Verantwortung für das gegenwärtige Bauschaffen mit einbeziehen und suchten sich mit dem Themenheft »Industriebauten« eine besonders relevante Gattung der Architektur aus. Zur Erinnerung: 1909 hatte Peter Behrens im Verein mit seinem Ingenieurkollegen Karl Bernhard die als »Inkunabel des deutschen Industriebaues« berühmt gewordene »Turbinenhalle« der AEG an der Berlin-Moabiter Berlichingen/Huttenstraße errichtet. Nur zwei Jahre später, 1911, entstand Walter Gropius' »Fagus-Werk«-Bau in Alfeld an der Leine, ein weiterer Leitbau der Moderne, auch er, wie die Turbinenhalle, dem industriellen Zweckbau zuzurechnen. Dies war das historische Umfeld, in dem der Rheinische Verein seine Stimme zum Zwecke der Propagierung einer gesteigerten Qualität im zeitgenössischen Industriebau erhob. Das Erstaunliche ist nun, dass die Vorstellung historischer Industriebauten aus der Eifel, aus Sachsen und aus dem Bergischen Land gerade die Qualitäten hervorheben sollte, die man von der modernen Fabrikarchitektur erwartete. »Der heutige Architekt«, so heißt es am Ende des Beitrages über die Aachen-Eifeler Werkarchitektur des 18. und 19. Jahrhunderts, »neuen Bedürfnissen dienend, wird sie nicht nachahmen können. Aber er wird von dem Geiste, in dem sie ausgeführt, von dem Material, das zu ihrer Herstellung verwendet wurde, einiges Nützliche entnehmen können.« Die Architekten, vor allem der Zwischenkriegszeit, haben von solchen Lerneffekten aus der Vergangenheit recht wenig wissen wollen. Zu sehr empfanden sie sich als Kämpfer gegen das »Ornament und Verbrechen«, wie Adolf Loos' oft missverstandenes Verdikt von 1908 lautete, als dass sie den genauen Blick auf erste Ansätze ihrer eigenen Intentionen in der Vergangenheit hätten entwickeln können. Der Zeit nach dem Zweiten Weltkrieg sollte die Verbreitung solcher Entdeckungen vorbehalten bleiben: 1958 erst erscheint James Maud Richards »The Functional Tradition in Early Industrial Buildings« mit Eric de Marés exzellenten Fotografien, und erst 1971 zeigt die vorbildliche »Neue Sammlung« an Münchens Prinzregentenstraße die Ausstellung »Die verborgene Vernunft – Funktionale Gestaltung im 19. Jahrhundert«, in der anhand von Architekturen und Objektdesign der bis dato unterschätzte Strang kompromisslos funktionaler Gestaltung aus dem Gewirr des Historismus und Eklektizismus des Zeitraumes seit der Industriellen Revolution herausgehoben wird. Kein Zufall, dass dieselbe »Neue

Sammlung« vier Jahre zuvor, 1967, als erstes Museum Fotografien von Bernhard und Hilla Becher ausstellt, die seit den späten 50er Jahren die vielfältigen Typen industrieller Gebäude der Vergangenheit in einer Art serieller Einkreisungstechnik aufgenommen und damit dem Betrachter neu ins Bewusstsein gebracht hatten. Kein Wunder, dass dieselben – heute weltberühmten – Fotografen 1969 bei den Unterzeichnern des Rettungsappells für die Maschinenhalle der Zeche Zollern zu finden waren.

Zurück ins Jahr 1910: Wie revolutionär die Sichtweise der Mitglieder des Rheinischen Vereins für Denkmalpflege und Heimatschutz gewesen war, zeigt ein Blick auf die Art historischer Nutzbauten, die ihnen als Belege architektonischer Qualitäten der Vergangenheit dienten: Keine die gute alte Zeit beschwörenden Wassermühlen am rauschenden Bach, keine ihre Flügel in den Flachlandhimmel reckenden Windmühlen waren es, sondern nüchterne, werkgerechte Fabrik- und Manufakturbauten.

Die Zwischenkriegszeit

Die Modernität dieser Wahl ergibt sich aus einem Vergleich mit der Zwischenkriegszeit: Ende der 1920er, Anfang der 30er Jahre waren es vor allem Mühlen, Weintorkeln und Dorfschmieden, die als erhaltenswerte Zeugen vergangener Produktionswelten hervorgehoben wurden. Damit sind wir bei der zweiten, umfangreicheren Vorläuferphase der deutschen Industriedenkmalpflege, die kurz vor 1927 begann. 1856 gründete man als Standes- und Interessenvertretung der Technik den »Verein Deutscher Ingenieure«, kurz »VDI« genannt. Eine seiner Aufgaben bestand darin, der neuen und immer bedeutender werdenden Zunft der Ingenieure die gleiche gesellschaftliche Anerkennung zu verschaffen, die Ärzte, Militärs, Lehrer und andere bürgerliche Professionen bereits genossen. Ein Vehikel dafür erkannte man in der Schaffung einer eigenen Tradition, dem Nachweis, dass auch der Ingenieurstand über eine eigene Geschichte verfüge. Deshalb publizierte Conrad Matschoß, später mehrfach Direktor des VDI, ab 1909 die Jahrbuchreihe »Technikgeschichte – Beiträge zur Geschichte der Technik und Industrie«. Und in dieser Reihe wiederum begründete er ab 1927 die Rubrik »Technische Kulturdenkmäler« (Band 17), die ab 1930 dann (Band 20) als »Technische Kulturdenkmale« firmierten – eine Begriffsverwirrung, die bis heute fortdauert. In diesem Wortvorspann »Kultur« manifestierte sich der Anspruch, dass auch Ingenieurleistungen künftig zu den etablierten Kulturleistungen zu zählen seien. Vorausgegangen in diesem Anspruch war ihm Oskar von Miller, der 1903 das (erst 1925 eröffnete) »Deutsche Museum von Meisterwerken der Naturwissenschaft und Technik« begründete und mit der Verwendung des Begriffs »Meisterwerke« damit bereits am Anfang des Jahrhunderts ins gleiche Horn gestoßen hatte. In der Zeit der ersten

Existiert nicht mehr: Friedrich-Alfred-Hütte, Duisburg-Rheinhausen

Publikation der Sparte »Technische Kulturdenkmäler« in der jährlich erscheinenden »Technikgeschichte« ballten sich 1927 erstmals seit den rheinischen Bestrebungen um 1910 Bemühungen der unterschiedlichsten Kreise um die Erhaltung technikhistorischer Zeugnisse, ohne dass bislang genau auseinander zu halten wäre, ob nun VDI, Deutsches Museum oder die Denkmalpflege hier federführend gewesen wären. 1926 jedenfalls startete Conrad Matschoß einen fragebogenähnlichen Aufruf zur Mitteilung technikhistorischer Objekte, um Material für die neue Abteilung seines Jahrbuches zu erhalten.

Zuvor schon hatte sich die Stimme der Denkmalpfleger erhoben, die Ähnliches als wichtig erkannt hatten. »Vielleicht aber werden für den Kultur- und Kunsthistoriker, der nach einem Menschenalter dies erste Viertel des 20. Jahrhunderts übersieht, nicht die repräsentativen Hochbauten im alten Sinne, sondern die monumentalen Werkbauten als die eigentlich charakteristischen Denkmäler erscheinen. Wir haben erst langsam gelernt, die absolute Schönheit zu verstehen, die in der restlosen Bejahung der Nutzform und der

Konstruktion liegt. Neben den großen, machtvollen Leistungen der Ingenieurkunst, den Maschinenhallen, Fabrikanlagen, den Kraftwerken, Hochöfen, Stauwerken und vor allem den Brücken, erscheint alles, was die Architektur und das Kunsthandwerk daneben zu geben imstande waren, als kleinlich und dünn. Die Industrieanlagen der Firma Krupp in Essen und Rheinhausen sind als Gebilde der Raumkunst Leistungen allerersten Ranges …«, so Paul Clemen, der damalige Leiter des Rheinischen Denkmalamtes in Bonn 1925 und – nicht minder im Pathos-Ton – bereits 1924 sein saarländischer Kollege Keuth: »Türme aus Stahl und Eisen, nach den Gesetzen des Ingenieurs errichtet, reinste Zweckbauten, formen sich zu überwältigenden Kunstwerken der Architektur. Unsere Augen fangen langsam an, die großartige Schönheit dieser Schöpfungen zu sehen, Empfindung für sie zu bekommen. Wenn Kunst Zeitausdruck sein kann, sind unsere Industriebauten die stärksten Zeugen heutiger Kunst.«

Zwei Gemeinsamkeiten springen bei diesen beiden Texten ins Auge: Einmal das Betreuen der Rhein- und der Saarländer Gegenden Deutschlands, die entscheidend von der Schwerindustrie geprägt sind: Ruhr- und Saarrevier zeigen die gleiche Ballung von Zechen und Hütten. Reine Ingenieurbauten, nämlich die Hochöfen der Eisenhütten in Rheinhausen am Rhein und Völklingen an der Saar, bilden den Anlass der jeweiligen Aussage. Zum zweiten verraten die Formulierungen der beiden Denkmalpfleger deren Verhaftetsein in den Kategorien der alleinherrschenden Kunstdenkmalpflege. Entsprungen dem Schoße der Mutterwissenschaft Kunstgeschichte, produziert die Betrachtungsweise der damaligen Denkmalleute die entsprechenden ästhetischen Bewertungskategorien: »absolute Schönheit« sagt der Eine, sei zu sehen, »überwältigende Kunstwerke« und »großartige Schönheit« sieht der Andere in den Hochofengebirgen. Die Kategorien des englischen Philosophen Edmund Burke aus dem 18. Jahrhundert von der »schreckenerregenden Erhabenheit« scheinen hier nicht ganz fern zu sein. Erstaunlich ist solche Beschränkung insofern, als die Theorie der Denkmalpflege, bereits seit Anfang des 20. Jahrhunderts von Kunsthistorikern wie Georg Dehio und Max Dvořák entwickelt, durchaus auch andere Sichtweisen aufs historische Objekt zulässt, ja sogar postuliert. Vor allem bedeutete ihre Arbeit die Befreiung vom nur ästhetisch-stilmäßigen hin zu dem ungleich breiteren Konzept der historischen Bedeutsamkeit, des Denkmals als Geschichtsbeleg und als historische Quelle. Die eingangs zusammengetragenen Denkmalwert-Definitionen der modernen deutschen Denkmalgesetze zeigen, dass diese Lektion mittlerweile auf fruchtbaren Boden gefallen ist. 1925 lässt lediglich die Überlegung des Rheinischen Denkmalpflegers Clemen, ob nicht »die monumentalen Werkbauten als die eigentlich charakteristischen Denkmäler erscheinen« etwas ahnen von der späteren Wiederaufnahme eines Denkmalbegriffes, der bereits an der Schwelle zum 20. Jahrhundert entwickelt wurde. Realistischerweise muss man aber selbst heute noch feststellen, dass durchaus nicht die Mehrzahl aller Menschen auf der Höhe dieses zwar hundert Jahre alten, aber dennoch höchst modernen Denkmalbegriffes steht. Nicht jedem liegt die gewisse Nüchternheit, die nötig ist, im jeweiligen historischen Bauwerk primär die Zeugenschaft für eine bestimmte Entwicklungsstufe, einen bestimmten historischen Prozess zu sehen, wo es doch soviel einfacher ist, ästhetische Kriterien zum Zuge kommen zu lassen: Kurz, sich eher zu erfreuen als historisch-kritisch zu betätigen. Was man bei uns Heutigen schon nicht generell voraussetzen kann, traf natürlich erst recht nicht auf die Zeitgenossen der Zwischenkriegszeit zwischen 1918 und 1933 zu. Die Fragebogenaktion des Conrad Matschoß vom VDI von 1926 erbrachte eine merkwürdige Ernte der Romantik und Heimattümelei: »Brunnenstuben« werden da gemeldet, »Wasch- und Backhäuser oder Weintorkel«. Nichts anderes vermeldeten die seit der Zeit um 1910 erstmals wieder einsetzenden einschlägigen Publikationen der Denkmalpflege. Um Wind- und Wassermühlen geht es da, Notställe zum Hufeisenbeschlagen oder »Achatschleifmühlen in Idar-Oberstein«. Nur solches galt 1926 als im Sinne der Technikgeschichte denkmalwert, als ob es nicht seit gut 150 Jahren bereits mechanische Baumwollspinnereien oder Holzkohlehochöfen und seit über einem halben Jahrhundert Bessemer-Stahlwerke, Schiffshebewerke oder Bahnsteighallen mit Spannweiten über 75 Metern gegeben hätte. Im Schlepptau der Rheinländer und Westfalen, welch letztere seit 1931 ein »Freilichtmuseum technischer Kulturdenkmale« in Hagen gründen wollten, registrieren nun auch andere wohlgemerkt vor allem hochindustrialisierte – deutsche Gauen »technische Kulturdenkmäler«: In Brandenburg, Sachsen und Oberschlesien rühren sich Anfang der 30er Jahre Bestrebungen zur Erfassung und Erhaltung solcher Objekte. Über 120 Seiten hinweg listen die Themenhefte 5 und 6 der »Brandenburgischen Jahrbücher« von 1937 die »Technischen Kulturdenkmale der Mark Brandenburg« auf. 1935/36 verzeichnet das »Schlesische Jahrbuch« »Alte Industriebauten in Oberschlesien«. Das neu gegründete Badische Landesdenkmalamt beginnt 1936 ein Separat-Verzeichnis »Denkmäler der Technik« mit den bereits oben erwähnten »Brunnenstuben, Wasch und Backhäusern oder Weintorkeln«. Über die Motive, sich Ende der 20er Jahre in weit rückwärts gewandtem Ausgriff so fest entschlossen den vorindustriellen Arbeitswelten zuzuwenden, kann nur spekuliert werden. Möglicherweise spielt vor dem Hintergrund der sich anbahnenden und 1929 ausbrechenden Weltwirtschaftskrise eine gewisse Nostalgie die auslösende Rolle. Die anonymer werdende industrielle Arbeitswelt, die sich zu immer unüberschaubareren Großzusammenhängen ballt – die Gründung der »Vereinigten Stahlwerke« 1926 ist hier ein Stichdatum – und die Erfahrung, dass diese Großzusammenhänge die Sicherheit des individuellen Arbeitsplatzes eher gefährden als erhöhen, mag dazu beigetragen haben, das Bewusstsein für den nun endgültigen Untergang der gewerblich-frühindustriellen Arbeitswelt zu schärfen. Darüber hinaus stieg auch die Bedrohung, die von der den Technikern meist eigenen Haltung, nach der das neu Entwickelte dem Älteren stets überlegen sei, ausging, angesichts der rascheren Entwicklung der Produktions- und Verkehrstechnik rasch an. Die einzigen, die Mitte der 1920er Jahre über den heimatschützerisch-romantisierenden Ansatz zur Erhaltung vorindustrieller Denkmale hinauszugehen bereit waren, waren Oskar von Miller, der seit Beginn des 20. Jahrhunderts unermüdliche Promotor des 1925 schließlich eröffneten »Deutschen Museums« und Conrad Matschoß, seit 1925 Direktor des VDI. 1926 formuliert Matschoß in einem Brief an von Miller den Begriff »industrieller Heimatschutz«. Schon die Wortwahl verdeutlicht, dass es hier um modernere Zeugen der Technikentwicklung als Wind- und Wassermühlen gehen sollte. Zu diesem Zweck beauftragt das Deutsche Museum den VDI, über seine Mitglieder Nachrichten über technik-historische Anlagen zusammenzutragen: 1927, im 17. Band der »Beiträge zur Geschichte der Technik und Industrie« erscheint erstmals die Rubrik »Technische Kulturdenkmäler« mit einem Umfang von 29 Seiten. Entgegen dem von Matschoß mit der Verwendung des Begriffes »industrieller Heimatschutz« gesetzten Anspruch sind aber auch hier wieder nur mittelalterliche Brücken, Rheinkräne und wassergetriebene Salinenanlagen vertreten. Ein wenig einsam und unvermittelt erscheint mittendrin die 1846 gebaute Dampffördermaschine der Grube »Alt Elisabeth« in Freiberg/Sachsen. 1940 erlischt die Rubrik der »Technischen Kulturdenkmäler«, in diesem Jahr umfasst sie gerade noch drei Seiten. Der Nachfolger des VDI-Jahrbuches ab 1965 nimmt diese Sparte nicht mehr auf. In den 30er Jahren gerät die Bewegung zur Erhaltung vorindustrieller Objekte zunehmend in den Sog völkisch-nationaler Heimatschutzideologien: Zwar versucht der Leiter des »Deutschen Bundes Heimatschutz« Werner Lindner, obwohl eigentlich Bauingenieur, das Interesse auch auf die historisch werdenden Arbeitsabläufe und damit nicht nur auf Gebäude und Gerät zu lenken. Das Verhaftetsein an die Epoche vor der »Ersten Industriellen Revolution« als Reaktion auf die seit 1900 stattfindende »Zweite Industrielle Revolution« mit Stichworten wie Elektrifizierung und Großchemie, sollte die ganze Bewegung aber bis lange nach dem Zweiten Weltkrieg nicht mehr loswerden. Als später Beleg hierfür kann die seit den 30er Jahren geplante, aber erst 1960 realisierte Gründung des »Freilichtmuseums technischer Kulturdenkmale« im westfälischen Hagen gelten.

Die Jahre nach 1945

Vor dem am Anfang dieses Kapitels geschilderten energischen Aufbruch zu einer wirklichen »Industriedenkmalpflege« seit etwa 1970 ist ein irgendwie gearteter Neuansatz nicht festzustellen. Für die Denkmalpflege stand in Deutschland begreiflicherweise die Bestandsaufnahme der durch die Kriegseinwirkungen drastisch reduzierten und beschädigten traditionellen Kunst-

Seit 1938 Industriedenkmal: Dampf-Polderpumpwerk Cruquius von 1848

denkmale im Vordergrund. Niemand hatte Zeit, über eine Ausweitung des Denkmalbegriffes nachzusinnen und die Methodik der Mutterwissenschaft Kunstgeschichte sollte hierzu auch einstweilen keine Handreichung bieten. Wie vor dem Kriege waren die Lieblingsobjekte der seit Ende der 20er Jahre ums Handwerklich-Technische erweiterten Heimatschutzbewegung, wie Wind- und Wassermühlen Teil der traditionell gewordenen Denkmalpflege. Zeugen des technisch-industriellen Aufbruchs seit etwa 1850 blieben weitgehend unbeachtet. Die bereits Ende der 30er Jahre in den benachbarten Niederlanden einsetzende Sorge um das Überleben eines der frühen Dampfmaschinen-Polderpumpwerke, des »Cruquius« von 1848, das bereits 1938 als technische Schauanlage eröffnet wurde, war eine große Ausnahme und erklärt sich wohl eher aus der Nähe zu Hollands »Schicksalsthema« des »Niederen Landes«, das nur durch stete technische Tätigkeit bewohnbar und sicher zu halten ist. Die Pumpstation wurde nicht »transloziert« und in ein irgendwo gelegenes Freilichtmuseum gebracht, sondern erklärt sich und ihre Funktion anhand der authentischen Lage am Haarlemer Polder, das trocken zu legen sie mitgeholfen hat – frühes, fast perfektes Muster vorbildlicher Industriedenkmalpflege, hätte man nicht die zur Dampfmaschine gehörende Kesselanlage entfernt. Fast zur gleichen Zeit, aber leider nicht auf die gleiche Weise, rettete man im sächsischen Bergbau ein 1831 konstruiertes, gusseisernes Zylindergebläse, das bereits einmal zu Betriebszwecken umgesetzt, 1938 auf die Halde der Zeche »Alte Elisabeth« umgesetzt wurde, wo man es später mit einem Schutzbau umgab. Damit ging die Korrespondenz zwischen dieser attraktiv neugotisch gestalteten, »architektonisch« aufgefassten Maschine mit der zugehörigen, ebenfalls neugotischen »Antonshütte« bei Schwarzenberg verloren, nach der das Gebläse bis heute »Schwarzenberggebläse« heißt.

Aktivitäten regten sich in den 1950er und 60er Jahren aber auch in anderen Teilen der europäischen Welt. Mit einer gewissen Logik war das Land, das die »Industrielle Revolution« begründete, auch das erste, welches die »Archäologie« dieser Epoche als Forschungsgegenstand entdeckte. Großbritannien war es, das 1955 das Weltvokabular um den Begriff »Industrial Archaeology« bereicherte. Seither benutzen diesen Begriff nicht nur die Sprecher angelsächsischer Zunge beidseits des Atlantik, sondern auch die lateinischen Völker in Frankreich, Italien, Spanien und Portugal. Auch im germanischen Sprachraum hat das Wortpaar sich durchgesetzt: Deutsche wie Holländer reden von »Industrie-Archäologie«. Die Verbreitung von Begriff und Sache aber sollte ein bis zwei Jahrzehnte in Anspruch nehmen.

Auf dem europäischen Kontinent gingen den westdeutschen Bestrebungen skandinavische und polnische, ostdeutsche und belgische voran. In Schweden waren es, abweichend von allen anderen Ländern, Unternehmer und Gewerkschaften, die sich – im Grunde logischerweise – der Erforschung und Erhaltung technischer Denkmale zuwandten, wobei von Gewerkschaftsseite ein starker Akzent auf der Mitüberlieferung der historischen oder historisch werdenden Arbeitsprozesse lag. Stichwort ist hier die Bewegung »Grabe, wo Du stehst« als Appell zur Aufarbeitung der spezifischen Lebenssituation des industriellen Arbeitnehmers. Im Polen der sozialistischen Regimezeit war es die marxistisch-leninistisch fundierte, materialistische Geschichtsbetrachtung, die der »Entwicklung der Produktivkräfte« Aufmerksamkeit widmete und von daher zum Postulat der Erhaltung von Quellenmaterial der Geschichte der Neuzeit führt. Mit dem 1955 in Warschau eröffneten Technikmuseum entwickelte sich eine zentrale, landesweit koordinierende Institution, wie sie das Münchner Deutsche Museum trotz Bestrebungen in dieser Richtung nie gewesen ist. Von Warschau ging eine ganz Polen erfassende Inventarisation technischer Bauten und Anlagen aus. Die verschiedenen Denkmalämter hatten spezielle Sektionen für technische Denkmale. Materielle Hemmnisse verhinderten allerdings weithin bei diesen Voraussetzungen ansetzende Erhaltungserfolge. Die gleichen gesellschaftstheoretischen Grundlagen erzeugten auch in der DDR eine grundsätzliche Offenheit für die Erhaltung von Denkmalen als Belege gesellschaftlicher Verfasstheit. Es hat bisher den Anschein, als ob Bestrebungen außerhalb der etablierten Denkmalpflege sich diesem Auftrag energischer gewidmet haben. Vor allem Aktivitäten einzelner Fachgruppen innerhalb des »Kulturbundes« trugen zur Interesseweckung an diesem Teil des kulturellen Erbes bei. Unter anderem bildeten die von Fachleuten edierten »Merkblätter« zur Verbreitung von Kenntnissen über industriehistorische Anlagen eine vorzügliche Grundlage. Vielfältige praktische Hindernisse hemmten allerdings auch hier planmäßige Erhaltungsmöglichkeiten technischer Denkmale, vor allem der Zeit nach 1850. Erstaunlicherweise definiert noch 1968 das Leipziger »Lexikon der Kunst« Denkmale als Objekte der »Kunst und Kulturgeschichte«, während selbst ein so allgemeines Nachschlagewerk wie Meyers Enzyklopädisches Lexikon von 1972 konziser von »technischen Kulturdenkmälern« spricht.

Belgien schließlich, das im 19. Jahrhundert eine entscheidende technologische Vermittlerrolle zwischen England und dem Kontinent einnahm, entwickelte, vor allem von Lüttich und Gent aus, Aktivitäten zur Erhaltung von Industriedenkmalen. 1971 wurde hier eine Arbeitsgruppe Industriedenkmale gegründet. 1975 finanzierten Banken die große Brüsseler Ausstellung »Die Herrschaft der Maschine – Begegnung mit der Industriearchäologie«.

Die moderne Industriedenkmalpflege in Nordrhein-Westfalen

Als 1975 im Bochumer Bergbaumuseum der »Zweite Internationale Kongreß zur Erhaltung industrieller Denkmale – ICCIM« stattfand, konnte Nordrhein-Westfalen also bereits auf Vorarbeiten anderer europäischer Regionen zurückgreifen. Wissenschaftsminister Johannes Rau konnte aber auch schon auf landeseigene Leistungen verweisen und erwähnte in seinem Grußwort die etwa zehntausend bereits erfassten Industriedenkmale des Bundeslandes, eine Erfassung, von der wir ja wissen, dass sie auf eine Initiative des Kulturausschusses des Landtages und das Aktionsprogramm der Landesregierung von 1970 zurückging. Das Jahr 1980 brachte mit dem Landesdenkmalschutzgesetz auch die Zuständigkeit des Ministeriums für Städtebau und Verkehr für den Denkmalschutz und einen der Industriedenkmalpflege ungemein aufgeschlossenen Minister und ministeriellen Mitarbeiterstab. Aus dieser Aufgeschlossenheit gegenüber der reichen industriellen Geschichte, aber auch wachsender struktureller Probleme in den traditionellen Industrien des Landes entwickelte sich zu Ende dieses Jahrzehnts eine für die Industrieregionen Nordrhein-Westfalens beispielgebende Pilot-Aktivität durch die Inauguration der auf zehn Jahre angelegten Internationalen Bauausstellung – IBA Emscher Park. Für den von der Hochindustrialisierung des Montanbereiches besonders betroffenen Streifen Ruhrgebiet diesseits und jenseits der Emscher wurden neue Entwicklungsimpulse gesetzt. Programmatisch erklärte man dabei, auf dem Weg in die ökonomisch-städtebauliche und soziale Zukunft auch herausragende Zeugnisse der Leistungen des Reviers aus vergangener Zeit mitnehmen zu wollen, von denen es im IBA-Gebiet besonders signifikante Beispiele gab. Die Roheisenhütte Meiderich oder die Zentralschachtanlage Zollverein XII stehen hier nur als Einzelbeispiele für viele andere. Damit gewann Industriedenkmalpflege schlagartig einen anderen Stellenwert, vor allem eine andere Größenordnung. Bislang hatte in Deutschland lediglich die Völklinger Hütte als großmaßstäbliches Industriedenkmal gegolten. Nun aber wurde es möglich, das industriehistorische Profil einer ganzen Region programmatisch herauszuarbeiten und sichtbar zu halten. Die Denkmalämter hatten hier Vorarbeit geleistet: Die bedeutenden

Das Hochofenwerk Meiderich im Jahr 1912

Anlagen der Montanindustrie waren erfasst und bewertet worden. Für die Meidericher Hütte wurde im Jahr 1988 das Gutachten zum Denkmalwert erstellt. Die Überführung von Erhaltungsstrategien in IBA-Projekte und die damit erschlossenen Förder- und Finanzierungsmöglichkeiten bedeuteten einen sprungartigen Fortschritt der Überlebenschancen der Leitbauten der Industriegeschichte des Ruhrgebietes vor allem in seiner Hochphase um die Jahrhundertwende zum 20. Jahrhundert. Die in Form von Wettbewerben durchgeführte Planung bot der Denkmalpflege die geeignete Plattform, ihre Perspektiven zu Bedeutung und Stellenwert der Großanlagen bis hin zu Einzelelementen darzutun und in die Planung einzufügen. Die Jahre 1989 bis 1994 etablierten die Überlebensmöglichkeiten einer Vielzahl von Leitanlagen der für das Ruhrgebiet charakteristischen Branchen. Das Vorgehen der IBA war hierbei exemplarisch. Stimulanzwirkung sollte von der Wiederingebrauchnahme signifikanter Anlagen als Identifikations- und Themenkerne größerer Planungszusammenhänge ausgehen. Beispielsweise bildete die Meidericher Roheisenhütte den Themenkern des Landschaftsparkes Duisburg-Nord.

Die damit einhergehende Notwendigkeit zur Entwicklung von Nutzungsperspektiven angesichts der Größenordnung der Zechen und Hüttenbereiche und der damit verbundenen Entwicklungskosten erforderte freilich die Betonung von Gebrauchswerten, die nicht unmittelbar im Kernbereich denkmalpflegerischer Zielsetzung angesiedelt waren. Der in diesem Zusammenhang entwickelte Sprachgebrauch, von »Spielstätten« mit Bezug auf die großmaßstäblichen Industriedenkmale zu reden, barg dabei vielleicht eine gewisse Gefahr der Unterbetonung von Qualitäten in sich, die diese Bauten und Anlagen ja als »Startkapital« mit ins »Spiel« brachten: Ihre Authentizität, ihr Informations- und Zeugnischarakter für die mehr und mehr verschwindenden Arbeits- und Produktionsverhältnisse, wie sie für das Ruhrgebiet über 150 Jahre lang typisch waren. Es ist hierin auch in längerfristiger Perspektive die wahre Bedeutung dieser Anlagen zu sehen und damit die Verpflichtung, sie nach Maßgabe der finanziellen Rahmenbedingungen in authentischem Zustand zu bewahren. Es ist vor allem diese Authentizität, die sie – jenseits der ja aufwendigen und nicht ständig wiederholbaren Spektakel vielfältigster Art – weiter »vorhalten« als Lern-, Informations- aber natürlich auch Unterhaltungsorte. Bedingt die Ingebrauchnahme als »backdrop« für »events« aller Art vorrangig Konzession um Konzession an die Bedürfnisse einer »Bespielbarkeit«, so steht zu fürchten, dass der Vorrat an ehrlichem Informationsgehalt, wie er nur im echten Ding steckt und begreiflich zu machen ist, schwindet und die Objekte einer Beliebigkeit preisgibt, die dann einfacher und billiger gleich im Modell 1:1 an irgendeinem Ort der Welt zu reproduzieren wäre.

Man kann sich gelegentlich des Eindrucks einer gewissen Ängstlichkeit nicht erwehren, die der Attraktion des Authentischen so wenig und der »Attraktivmachung« so viel zutraut. Dies ist um so erstaunlicher, als das Argument der Attraktion des bisher Unbekannten, der neuen Betretbarkeit des »verbotenen Orts« eine so große Rolle bei der großmaßstäblichen Eroberung dieser inneren »neuen Welt« spielt. Die Behauptung von der »Industriekultur«, die man erst jetzt neu ins Spiel bringe, steht dabei im Gegensatz zu der bislang gültigen Meinung, dass es bei der Erhaltung typischer Denkmale der Arbeitswelt gerade um die Bewahrung einer Industriekultur geht, die sich über die Zeit und unter Mitwirkung aller am Arbeitsprozess Beteiligten in und um diese Anlagen herausgebildet hat, und dass es diese spezifische Kultur ist, die den notwendigen Aufbruch zu den Ufern der postindustriellen Gesellschaft erleichtern kann. Nordrhein-Westfalen hat sich bei der Einlösung dieses Versprechens der Bewahrung dessen, was für das Land charakteristisch ist, planmäßig über mehr als dreißig Jahre hinweg im weltweiten Vergleich in eine Spitzenstellung gebracht, die es nun zu verteidigen gilt. Maßgeblich mit Hilfe der Internationalen Bauausstellung IBA Emscher Park sind für den bedeutenden Landesteil Ruhrgebiet Objekte von beachtlicher Vielfalt und Größenordnung für eine Zukunft gesichert worden, in der sie über den Weg des hoch industrialisierten westdeutschen Montanreviers seit seinem Aufbruch ins Industriezeitalter umfassend Auskunft erteilen können. Bleiben sie in ihrer jetzigen Authentizität erhalten, geht das IBA-Konzept von der identitätsstiftenden Mitnahme eines historischen »Mundvorrates« auf den Weg in eine nicht mehr schwerindustriell bestimmte, aber neue Arbeitswelten entwickelnde Zukunft auf. Das Land hat sich damit die Erinnerung an seine Montanreviere Ruhrgebiet und ansatzweise auch Aachener und Ibbenbürener Steinkohlenrevier gesichert. Damit ist das Kernthema der in europaweit hervorgehobener Ballung gewachsenen Montanindustrie Nordrhein-Westfalens behandelt.

Ende 1995 unterzeichneten die Ministerin für Stadtentwicklung, Kultur und Sport und die Ruhrkohle AG den Gründungsvertrag der »Stiftung Industriedenkmalpflege und Geschichtskultur«. Durch die Einbringung von zunächst neun – gegenwärtig bereits zwölf – montanhistorischen Anlagen aus Ruhrkohle-Besitz wurde damit manifestiert, dass die Bestrebungen der Denkmalpflege seit 1970 und die Ergebnisse der IBA von 1989 bis 1999 ihre Fortsetzung auch in Zukunft finden werden, um zu erreichen, dass peu à peu ein anschauliches Panorama der nordrhein-westfälischen Montanindustrie vom Stollenmundloch des 18. Jahrhunderts bis zur Großkokerei der 1960er Jahre entsteht und für vielfältige Zwecke nutzbar gemacht werden kann. Auf diesen Stiftungs-Kernbereich ist die Stiftung satzungsgemäß nicht beschränkt, ihre Objekte sind Industriedenkmale ganz allgemein, für deren Übernahme, Instandhaltung, Erforschung und Nutzung sie zuständig ist. Diese bundesweit einmalige Konstruktion trägt der bereits vor dreißig Jahren ausgesprochenen Absicht des Landes Nordrhein-Westfalen Rechnung, »in Zukunft verstärkt die Erhaltung wertvoller Bauwerke (zu) sichern, die für die technische und wirtschaftliche Entwicklung des Landes charakteristisch sind«. Dieses Versprechen ist, was die Montanindustrie angeht, in beachtlichem Maße eingelöst worden. Absicht der vorliegenden Publikation ist es aber auch nach einer Phase, in der naturgemäß dieser Kernsektor Priorität zu beanspruchen hatte, erneut ins Bewusstsein zu rufen, dass dieses Land auch in anderen Wirtschafts- und Technikbereichen eine beachtliche und in europäischem Maße führende Vergangenheit besitzt und dass es auch aus diesen Wirtschaftszweigen »wertvolle Bauwerke« gibt, die »für die technische und wirtschaftliche Entwicklung« charakteristisch sind. Als prominentes Beispiel sei hier nur die Jahrhunderte zurückreichende und äußerst diversifizierte Textilerzeugungstradition angeführt. Sie reicht von der Hausweberei über die erste mechanische Baumwollspinnerei des Kontinents bis zu technisch-architektonischen Leistungen der »Neuen Sachlichkeit« des 20. Jahrhunderts.

Nach allem hier Gesagten ist es leicht, Wend Fischer, den damaligen Leiter der Neuen Sammlung in München (seine Bemühungen um das industrielle Erbe wurden am Anfang dieses Kapitels gewürdigt) zu widerlegen, der trotz seines Engagements für die Hinterlassenschaft des Industriezeitalters 1967 pessimistisch meinte: »Jedes Bemühen, diese Zeugnisse der industriellen Revolution – oder auch nur einige von ihnen – zu erhalten, erscheint aussichtslos. Die Vorstellung, dass die Denkmalpflege sich ihrer annehmen könnte, ist absurd; es handelt sich hier nicht um Kunstdenkmäler.« Als er dies sagte, regten sich in Nordrhein-Westfalen die ersten tatkräftigen Wurzeln eines bürgerschaftlich begründeten Handelns, die durch entschlossenes politisches Aufgreifen zu einem Wachstum gebracht wurden, dessen Früchte heute zu ernten sind. Zu diesen Früchten ist – dieses Kapitel abschließend – auch noch ein Ergebnis zu zählen, das gleichfalls Anspruch auf Einmaligkeit unter den deutschen Bundesländern erheben darf: Die von den beiden nordrhein-westfälischen Landschaftsverbänden begründeten, betriebenen und vom Land mit einer hochgradigen Anschubfinanzierung versehenen nicht weniger als vierzehn Außenstellen des Rheinischen und Westfälischen Industriemuseums. Sie haben sich, großenteils in industriellen Denkmalen angesiedelt, zur Aufgabe gemacht, in repräsentativer Streuung über Topografie und Branchen hinweg ein weit gespanntes Panorama der nordrhein-westfälischen Wirtschafts-, Technik- und Sozialgeschichte zu zeichnen. Ihre Außenstellen – von der Glasfabrik in Petershagen bis zur Tuchfabrik in Euskirchen – bilden ein Netz von Anlaufpunkten, das über ein ganzes Bundesland gezogen ist und das mit diesem Museums- und Industriedenkmalbestand in einer solchen Dichte nicht ein zweites Mal zu finden ist.

WAS IST EIN DENKMAL DER TECHNIK- UND INDUSTRIEGESCHICHTE?

Jedes deutsche Bundesland hat ein eigenes Denkmalschutzgesetz. Diese Gesetze sind in einem Zeitraum von 1973 bis 1998 verabschiedet oder novelliert worden und losen eine Vielzahl vorher geltender Bestimmungen ab. Wie wir in der Einleitung gesehen haben, verkörpern sie alle in ihren Begriffsbestimmungen moderne Vorstellungen von dem, was und aus welchen Gründen ein Denkmal ist und wie entsprechend zu verfahren sei. Insbesondere ist klar geworden, dass das, was man heute »Denkmale der Technik und Industrie« nennt (ältere Bezeichnungen waren »Technische Kulturdenkmäler« oder »Technische Denkmale«), in allen Gesetzen entweder präzise angesprochen (z.B. Nordrhein-Westfalen: »Bedeutend für die Entwicklung der Arbeits- und Produktionsverhältnisse«), oder in der Definition des Denkmalwertes vollgültig enthalten ist (»technisch«, »technisch-wirtschaftlich«, »technologisch« oder »handwerklich-technisch«). Keines der Gesetze, das sich damit auch von den wissenschaftlichen Grundlagen der Denkmalpflege her als auf der Höhe der Zeit befindlich erweist, klammert also den uns hier interessierenden Denkmaltypus aus. Die Hälfte aller Gesetze bezieht ihn sogar per Definition ausdrücklich ein. Es ist damit ein vollkommen hinreichender Rahmen für den Schutz von Wassertürmen, Bahnhöfen, Hochöfen, Brauereien oder Schachtanlagen gegeben.

Nun hat aber ein Rahmen vor allem die Bedeutung, das, was er umfasst, zur Geltung zu bringen; die präzise Definition des so Umschlossenen ist damit aber noch nicht geleistet. Man wird also nicht umhin können, danach zu fahnden, wie das beschaffen ist, was in den Definitionsrahmen eines »Denkmals der Technik und Industrie« fällt und in einem weiteren Schritt, welche Kriterien aus der ungeheuren Masse dessen, was je für den Sektor der Technik und Industrie errichtet worden ist, dasjenige herauszufiltern vermögen, was davon als denkmalwert zu bezeichnen ist.

Ein kurzes Wort zu den bisher verwendeten Begriffen: »Technisch« im allgemeinen Sinn ist jedes Bauwerk in dem Maße, wie ja alle Artefakte von menschlicher Hand (wobei natürlich auch Tiere sich technischer Verfahren bedienen können – der dämmebauende Biber sei beispielsweise erwähnt) technische Aspekte in Bezug auf Statik, Werkstoff und Werkzeugeinsatz aufweisen. Diese Technikkomponente allein ist also nicht hinreichend, um etwas zu einer in seiner Zwecksetzung technischen oder industriellen Vorrichtung oder Anlage zu machen. Was hier weiterhilft, ist demzufolge die Eingrenzung eben dieser Zweckbestimmung – also die Frage, »wozu dient ein Gebäude oder eine Anlage primär?« Denken wir an den weiter oben beliebig angeführten Beispielkatalog von Bauten wie Brauerei, Wasserturm oder Bahnhof, so lässt sich jeder dieser drei Bauten einem grundlegenden

Sektor zuordnen. Die drei damit charakterisierten Sektoren sind folgende: Bauten und Anlagen der Produktion; Bauten und Anlagen der Versorgung; Bauten und Anlagen des Verkehrs.

Bauten und Anlagen der Produktion

Der diversifizierteste und umfassendste Begriff ist der der Produktion. Von der Steinkohlenzeche bis zur Schokoladenfabrik, von der Glashütte bis zur Baumwollspinnerei reichen die Beispiele für Bauwerke, Strukturen oder Anlagen, die der Produktion von etwas dienen. Natürlich ist die Steinkohle nur in einem bestimmten Sinn das »Produkt« der Zeche. Der – meist unter Tage – vorhandene Rohstoff wird hier zunächst aufgesucht und zu Tage gefördert. Im Laufe der Zeit entwickelten sich dann mehr und mehr Bearbeitungsstufen des Rohstoffes, die allesamt auf dem Gelände einer Zeche oder Schachtanlage konzentriert waren. Stichworte wären hier Kohlenwäsche, Klassifizierung, Verkokung, Gewinnung von Nebenprodukten. Die Schokoladenfabrik verarbeitet bestimmte angelieferte Rohstoffe zu einem Fertigprodukt in einem Fabrikationsvorgang, dem die »Fabrik« dient. Es sind dies technische Zielsetzungen, denen das Gebäude oder die Anlage ausschließlich oder ganz überwiegend dient.

»Industriell« nennt man die Prozesse dann, wenn sie sich innerhalb der Epoche abspielen, die man das »Industriezeitalter« nennt, also den Zeitraum seit der »Industriellen Revolution«, die sich von Großbritannien ab etwa 1770 ausgehend, nahezu über die gesamte Welt verbreitet hat. In sich kann man diesen Zeitraum noch unterteilen, indem man den Begriff der »Zweiten Industriellen Revolution« benutzt, die das Heraufkommen des Zeitalters der Elektrizitätswirtschaft und der Großchemie mit sich bringt. Mit dem Anbruch des »Informationszeitalters« haben Historiker eine »postindustrielle Phase« ausgemacht, deren eines Kriterium z.B. das zahlenmäßige Überwiegen der Gruppe der Angestellten gegenüber der der Arbeiter ausmacht, ein Prozess, der in einigen Teilen der entwickelten Welt weiter vorangeschritten ist als in anderen.

Bei allen diesen Epochenbegriffen stößt man natürlich stets auf die Ungleichzeitigkeit des Gleichzeitigen. So wie man sich z.B. lange nach der Entwicklung und Perfektionierung der Dampfmaschine noch der Wasserkraft bedient hat, gibt es auch heute noch Weltgegenden, in denen z.B. die im Agrarsektor Beschäftigten einen Großteil der arbeitenden Bevölkerung stellen, obwohl diese Gruppe in anderen Teilen der Welt einen verschwindend geringen zahlenmäßigen Umfang hat. Geschichtsperiodisierungen neigen zu normierenden Grundaussagen, die zwar die Hauptlinien und Charakterzüge herauspräparieren, damit aber natürlich nie zur Gänze der Komplexität von Geschichtsabläufen, auf ein Weltganzes gesehen, gerecht werden können. In dem Sinne, dass natürlich auch heute noch notwendigerweise Dinge fabrikmäßig produziert werden müssen und diese überwiegend mit industriellen Methoden und Größenordnungen produziert werden, haben wir also auch nach über 230 Jahren das Industriezeitalter noch nicht verlassen, und damit existieren fort und werden weiter entstehen Bauten und Anlagen, von denen einige in den Rang von »Industriedenkmalen« aufrücken können.

Nebenbemerkung: »Denkmale und Denkmäler«

Eine letzte Bemerkung zur Begrifflichkeit: Das Deutsche verfügt über zwei Pluralbildungen für das Wort »Denkmal« – es gibt einmal »Denkmäler« und zum anderen »Denkmale«. Das ist insofern praktisch, als sich mit den zwei Begriffen auch zwei Sachverhalte auseinanderhalten lassen: Wenn jemand bewußt eine Erinnerung begründen, einen Gedächtnisanlass schaffen will, so ist das ein grundsätzlich anderer Vorgang, als wenn jemand etwas für irgendeinen Zweck errichtet, was in späterer Zeit von Menschen zum Anlass des Gedenkens genommen werden kann. In der Geschichtswissenschaft unterscheidet man diese beiden Sachverhalte mit den Begriffen »Tradition« und »Überrest«. Wer beispielsweise Reiterstatuen von Herrschern aufstellt, vollzieht einen bewussten Akt der Traditionsbildung, er erschafft »Denkmäler«. Wer aber 1770 eine Textilfabrik baut, die für uns Heutige eine wichtige Sachquelle, ein »Überrest« der Technik-, Sozial- und Wirtschaftsgeschichte ist, erschafft eins von vielen »Denkmalen«.

Damit haben wir also den Hintergrund der Wahl des Begriffes »Denkmale der Technik und Industrie« erläutert und wissen auch schon, dass Bauten aus

Historischer »Überrest«: Richard Arkwrights Baumwollspinnerei von 1771

diesem Bereich sich auf die Zwecksetzung der Produktion, der Versorgung und des Verkehrs beziehen müssen.

Den Begriff der technisch-industriellen Produktion hatten wir erläutert, indem wir die ihr dienenden Anlagen in den Zeitraum ab etwa 1770 eingeordnet hatten. Bauwerke aus dieser Zeitspanne sind zahlenmäßig stärker vertreten als solche aus den vorangehenden Epochen. Sie sind häufig aufgrund ihres geringeren Alters als denkmalwert nicht erkannt und daher beseitigt worden. Im Gegensatz dazu fanden Bauten der Technik aus vorindustriellen Epochen, insbesondere solche aus der Antike, stets hohe Aufmerksamkeit. Die Archäologen haben sich beispielsweise intensiv mit den provinzial-römischen Wasserleitungen befasst, die aus der Eifel kommend die Stadt Köln versorgt haben. Die um 1970 neu begründete, moderne Industriedenkmalpflege hat sich demzufolge intensiv des Zeitraumes seit dem Beginn der Industriellen Revolution angenommen, da Bauwerke aus dieser Epoche weder erforscht noch ihr Denkmalwert im allgemeinen Bewusstsein verankert war.

Bauten und Anlagen der Versorgung

Die zweite Kategorie von Bauwerken der Technik und Industrie ist nun bezogen auf den Sektor der Versorgung, der über weite Strecken auch mit dem Begriff »Stadttechnik« gleichzusetzen ist. Das kommt daher, dass sich unter dem Druck der Zusammenballung immer größerer Menschenmassen in den Städten, ein für das Industriezeitalter signifikanter Vorgang, neuartige technische Verfahren herausbilden mussten für die Bedürftnisse der Vielen, wo zuvor für die Bedürfnisse jeweils Weniger so gut wie keine Technologie aufzuwenden gewesen war. Beispiel: Wasserversorgung. Hatte jeder Landbewohner über Jahrhunderte Zugang zu einer allein für ihn und seine Familie ausreichenden Wasserquelle – Brunnen, Zisternen –, so war dies angesichts dicht gedrängter Wohnweisen von Stadtbewohnern bald nicht mehr möglich. Aus der Antike bereits kennen wir die groß angelegten Ingenieurleistungen der Römer, die über kilometerlange Aquädukte weit entfernte Wasservorkommen für die Stadtversorgung erschlossen. Mit dem unvergleichlich stärkeren und sprunghafteren Anwachsen der europäischen Stadtbevölkerungen entwickelte sich seit dem Ende des 18. Jahrhunderts eine bald maschinengestützte, neuzeitliche, eben »industrielle« Wasserversorgung mit Brunnengalerien, Wasserspeichern, Pumpstationen und – dies allerdings erst zum Ende des 19. Jahrhunderts – Zapfstellen in jedem einzelnen Haushalt. Desgleichen »industrialisiert« sich – nach schmerzhaften Lernprozessen – die zentralisierte Abwasser-Abfuhr und -Klärung. Es ist dies nur ein Beispiel für die sich entwickelnden Netzwerke der Ver- und Entsorgung. Gas, Elektrizität, Telegraf, Druckluft und Telefon sind weitere technische Versorgungsnetze, die im Laufe des Industriezeitalters perfektioniert wurden und eine Vielzahl von Bauwerken und Anlagen notwendig machten, die heute unser historisches Interesse finden. So beziehen beispielsweise heute eine ganze Reihe europäischer Städte Teile ihrer Kanalisationsanlagen aus dem 19. Jahrhundert in den Kreis der stadttouristischen Ziele mit ein. Berlin, Paris oder Wien seien hier genannt.

Bauten und Anlagen des Verkehrs

Schließlich der dritte und letzte Sektor, in dem Bauten der Technik und Industrie entstehen: Der Verkehr. In dem Maße, in dem Produktion nicht mehr der unmittelbaren Selbstversorgung dient, sondern für immer weiter entfernt lebende Verbraucher und Märkte konzipiert ist, springt die Notwendigkeit zur Entwicklung leistungsfähiger Transportmöglichkeiten ins Auge. Lange Zeit waren Wasser- und Landtransport die ausreichende Verkehrstechnik, die aber einer Reihe von Einschränkungen unterworfen waren, wie z.B. witterungsbedingte, temporäre Unpassierbarkeit von Flüssen oder nicht befestigten Straßen. Das Anlegen künstlicher Wasserwege – der Kanäle – und der Bau »eiserner Straßen« – der Eisenbahn – waren die Antwort, die das Industriezeitalter auf die wachsenden Anforderungen an Qualität und Quantität von Transportprozessen fand. Verbesserter Straßen- und später Lufttransport und in den Städten auch unterirdische Transportwege kamen hinzu. Auch dieser Sektor stand vor der Notwendigkeit, zahllose neue Bautypen wie Bahnhöfe, Schleusenanlagen, Brücken oder Tunnels entwickeln zu müssen, von denen heute viele Denkmalwert besitzen.

Wann ist ein Industriebau ein Industriedenkmal?

Damit haben wir die komplette Antwort auf die Frage: Was sind Bauten und Anlagen der Technik und Industrie? Keine Antwort haben wir damit aber noch auf die Frage: Welche Kriterien müssen erfüllt sein, damit diese Objekte »Denkmale« der Technik und Industrie genannt werden können?

Diejenige Institution, die sich im Auftrage der Gesellschaft nun schon fast 200 Jahre lang mit der Frage befasst, was aus welchen Gründen ein Denkmal aus dem Blickwinkel der jeweiligen Epoche ist, ist die Denkmalpflege. Sie ist im Laufe der Zeit durch staatliche Tätigkeit administrativ organisiert und in ein System gebracht worden, das sie in Körperschaften mit unterschiedlicher sachlicher und territorialer Zuständigkeit aufgeteilt hat. Unter der Ägide bestimmter Fachministerien, die in der Regel als oberste Denkmalbehörden fungieren, gibt es Landesämter für Denkmalpflege, die als Fachbehörden einen größeren territorialen Zuständigkeitsbereich wahrnehmen. Mittelbehörden, wie z.B. Regierungspräsidenten oder Bezirksregierungen betreuen die Belange in ihrem, territorial umschränkteren Gebiet. Schließlich gibt es ein engmaschiges Netz von Denkmalbehörden, deren Territorium auf eine Stadt oder Gemeinde beschränkt ist, die sogenannten »Unteren Denkmalbehörden«. In diesem stark vereinfachend beschriebenen System (z.B. gibt es in Nordrhein-Westfalen die Sonderkonstruktion zweier Fachämter in einem Bundesland, die von der Körperschaft der »Landschaftsverbände« in Rheinland und Westfalen-Lippe getragen werden) setzt sich das Personal der Fachämter mit länderweiter Zuständigkeit in der Regel aus Kunsthistorikern und Architekten zusammen. Für die Hauptgruppe aller Denkmale ist dies eine zweckmäßige Konstruktion. Fragen der Denkmalbewertung von Kirchen, Schlössern, Bürgerhäusern und städtischen Ensembles zum Beispiel lassen sich mit dem Rüstzeug der Kunst- und Architekturgeschichte klären, vorausgesetzt, dass diese von allgemeiner geschichtlicher Kenntnis unterstützt wird. Am Beginn der Phase der Industriedenkmalpflege um 1970 stellte sich heraus, dass die zusätzliche Kenntnis technik-, sozial- und wirtschaftshistorischer Hintergründe von großer Wichtigkeit für die Bestimmung des Denkmalwertes eines Bauwerks der Technik und Industrie sein kann. Einfaches Beispiel: Im Ruhrgebiet baute man zwischen etwa 1850 und 1880 eine bestimmte Art massiver Schachtgebäude, für die sich nach dem Krimkrieg der Name »Malakowtürme« einbürgerte. Sie charakterisierten lange Zeit in hunderten von Beispielen die Silhouette des Montanrevieres an der Ruhr. Heute sind von ihnen übrigens nicht mehr als dreizehn Beispiele erhalten. Ihre Baugestalt veränderte sich von 1850 bis 1880 in Richtung auf die Hinzunahme am Anfang nicht verwendeter Bauteile, wie z.B. zinnenbekrönte Ecktürme. Aus kunsthistorischer Sicht stellte das – eine durchaus zutreffende Analyse – das Eindringen zeitgenössischer architektonischer Gestaltvorstellungen in den Sektor der Nutz- und Werkbauten dar. Begriffe waren hier: »Zitate aus der Fortifikationsarchitektur«, also Imitat von Festungsbauwerken. Zweite Diagnose: Hier wählt ein neuer Unternehmerstand aus der Architektur früher herrschender Gesellschaftskreise Elemente aus, die zur Illustration seines gewachsenen gesellschaftlichen Einflusses dienen sollten. Vollständig und korrekt wurde diese Diagnose aber erst, als die ersten Industriedenkmalpfleger aus ihrem Blickwinkel der Technikgeschichte einen weiteren Grund für all die Ecktürmchen herausfanden, der bis dahin nur den »Praktikern« im Bergbau – und auch hier nur den historisch bewanderten – geläufig gewesen war: Der gesamte Innenausbau dieser über dem Schacht stehenden Malakowtürme, die ja die Vorläufer eiserner Fördergerüste waren, bestand aus Holz. Kohlenstaub, das Holz und offenes Licht führten zu häufig ausbrechenden Bränden, die die im Raum befindliche Belegschaft aufs äußerste gefährdeten. Die ab etwa 1870 auftretenden Ecktürmchen bargen daher für das Überleben im Brandfalle wichtige, vom Hauptraum des Turmes abgetrennte Fluchttreppenhäuser. Dies war also die primäre Ursache für das Auftreten von Bauteilen, die aus allein architektur-historischer Sicht »Stilzitate« darstellten. Die Zahl solcher Beispiele ließe sich beträchtlich vermehren. Es war daher eine sinnvolle Maßnahme, dass allen voran das industriereiche Nordrhein-Westfalen in den Denkmalämtern spezielle Referate einrichtete, wo solche Erkenntnisse gesammelt und dann für die Bewertung der neu hinzukommenden »technischen Kulturdenkmäler«, wie man anfangs sagte, eingesetzt werden konnten. Dass es in diesem Bundesland heute fünf solcher Fachleute gibt, ist eine befriedigende, dass im »Rest« der Republik nur weitere sieben davon arbeiten, ist eine weniger zufrieden stellende Tatsache.

Das sich seit den späten 1960er Jahren herausbildende know-how in den Denkmalämtern und der Dialog mit den Universitäten und Museen, hier vor allem mit dem Deutschen Bergbaumuseum in Bochum, führte zu einem Kriterienkatalog, der eine Antwort auf die eingangs gestellte Frage, »wann sind Bauten der Industrie und Technik Denkmale«, geben konnte. Um auch für außen stehende Benutzer die Antwort auf solche Fragestellungen zu erleichtern, wurde im Rheinischen Amt für Denkmalpflege seit Mitte der 80er Jahre ein »Kreuzkatalog« eingerichtet, der es erlaubt, abweichend von der bislang üblichen topographischen Ordnung der Objekte, nun auch objekt- und branchenbezogene Suchweisen nach Industriedenkmalen zu praktizieren.

Um die Mitte der 1970er Jahre kam so ein Bewertungsraster zustande, das als eine Art Sieb fungieren kann, welches aus der Vielzahl von Technikbauten diejenigen als denkmalwert zurückhält, die folgende Kriterien erfüllen. Wenn sie denkmalwert sein sollen, müssen technik- und industriehistorische Objekte sein:

1. Historisch typische Objekte. Das Industriezeitalter neigt von seinem Anbeginn an zu einem Streben nach Normierung, Standardisierung und Typisierung. Herstellungsprozesse werden im Sinne einer Erhöhung der Quantität oder Produktionsschnelligkeit standardisiert, meist nachdem man sie in – dieser Standardisierung günstige – Einzelschritte zerlegt hat. Beispiel: Die Mechanisierung des Baumwollspinnens am Anfang der Industriellen Revolution. Architektonisch-technische, vor allem ingenieurmäßig konstruierte Anlagen werden typisiert. Beispiel: 1883 erhält der Aachener Ordinarius für Wasserbau für die normierte Bauform von Wasserbehältern ein Patent. Die seither nach ihrem Entwerfer »Intze-Behälter« genannten Wasserreservoire wer-

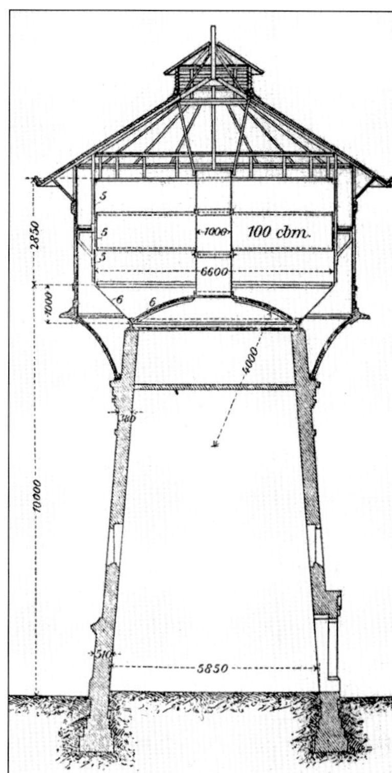

»Typisches« Denkmal: Intze-Flüssigkeits-Normbehälter von 1883

den – vor allem im Auftrag der Bahnverwaltungen – in vielen Standardgrößen in riesiger Stückzahl gebaut und verleihen den in ganz Europa entstehenden Wasserhochbehältern ein sofort erkennbares, »typisches« Profil.

In Umkehrung zur herkömmlichen baugeschichtlichen Bewertung ist es hier also gerade die Nicht-Einmaligkeit eines Technikbauwerkes, die es – im Gegensatz zum Kunstdenkmal, das bei aller Abhängigkeit von zeitgebundenen Typologien stets die Originalität der Einzelleistung oder den Einfallsreichtum beim Variieren eines Musters als Grundlage seines Denkmalwertes hat – als serielles Gebilde in seiner identischen Repetition denkmalwert macht. Erst viele als Denkmale erhaltene Intze-Wassertürme geben Auskunft über das epochentypische Charakteristikum des technisch inhärenten Zuges zur Standardisierung. Diese Normierung schließt übrigens eine individuelle baukünstlerische Leistung bei Materialwahl, Schmuckformen oder Bezug auf die jeweilige Umgebung nicht aus.

Denkmal der Technik- und Industriegeschichte können ferner sein:

2. Historisch einmalige Objekte. Die Geschichte seit der Industriellen Revolution zeigt einen gewissen Hang zum technischen »Superlativismus«. Im Gegensatz zum Turmbau zu Babel, der in seinem superlativischen Charakter als Hybris gewertet und verurteilt wurde, gewinnt in den letzten beiden Jahrhunderten das jeweils größte, höchste, längste oder schnellste Gebilde allgemeine Bewunderung. Das gilt – von seinen Feinden einmal abgesehen – 1889 für den »tour de 300 mètres«, den Eiffelturm in Paris, aber auch für die 1868 fertiggestellte Bahnsteighalle der St. Pancras-Bahnstation in London, von der die Zeitgenossen sorgfältig registrierten, dass sie erst 1889 vom »palais des machines«, anlässlich derselben Weltausstellung entstanden, der der Eiffelturm seine Existenz verdankt, in ihrer Spannweite übertroffen wurde (73 m zu 110 m).

In einem anderen Feld war es die erstmals 1838 verliehene Trophäe des »Blauen Bandes«, das die Konstrukteure ermutigen sollte, immer schnellere Schiffe für die motorisierte Atlantiküberquerung zu entwerfen. Mit der Schöpfung solcher Gebilde entstehen historisch »einmalige« Objekte.

Eine Sonderform von Einmaligkeit, mit der sie Denkmalwert erringen können, erreichen technikhistorische Objekte auch dann, wenn sie

3. Anfangs- oder Endglieder einer technischen Kette sind. Die Werksteinhalle in Remscheid, in der die Brüder Mannesmann 1885 zum ersten Mal ein Verfahren zu Herstellung nahtloser Stahlröhren praktizierten, das sie 1891 patentiert bekamen und das Düsseldorf für lange Zeit zum Schwerpunkt der deutschen Röhrenerzeugung werden ließ, ist beispielsweise ein solches Anfangsglied. Umgekehrt gibt es auch Endglieder technischer Entwicklungen, deren Möglichkeiten damit jeweils auf die Spitze getrieben werden. Die letzte in ihrer Größenordnung gebaute Dampf-Kolbenpumpe am Übergang zum Einsatz von Turbinenantrieben könnte hier ein Beispiel abgeben. Denkmalwert können weiterhin auch

Ein relativ neu hinzugekommenes Problem liegt bei ökologischen Fragen. Das gestiegene »Umweltbewusstsein« verlangt nach umgehender Neutralisation und Beseitigung gefährlicher Stoffe, wie sie eine Vielzahl noch nicht so streng beaufsichtigter industrieller Prozesse hervorgebracht hatte. Zechen, Kokerei- oder Hüttenareale, aber auch chemische und metallurgische Betriebe sind prädestiniert für solche Aufgaben. Aber gerade angesichts der mit »Entsorgung« verbundenen Kosten ergibt sich mehr und mehr das Überdenken rascher Beseitigungsabsichten. Es kann sogar dahin kommen, daß die Nichtbeseitigung und eine eingeschränkte, risikobewusste Weiternutzung das umweltschonendere und möglicherweise sogar kostensparendere Verfahren sein kann. Eine nordrhein-westfälische Überlegung war hierbei, die Industrie zu veranlassen, die eingesparten Abbruch- und »Aufräum«-Kosten in einen Erhaltungsfonds einzubringen, so dass mit dieser Basis weitergearbeitet werden kann und der oft ausschlaggebend wichtige Zeitraum gewonnen wird, nach Nutzungslösungen zu suchen – ein Konzept, das 1995 mit der Gründung der Stiftung Industriedenkmalpflege und Geschichtskultur seine Verwirklichung fand.

Bilanzierend ist festzustellen, dass nach knapp dreißig Jahren der »Skandalwert« von Industriedenkmalpflege verschwunden ist. Die Denkmalämter, wiewohl für diesen Sektor noch immer unterbesetzt, betreiben Industriedenkmalpflege als »business as usual«. Hemmungen, das Büro oder Domizil in einen Fabrikbau zu verlegen, hat heute wohl niemand mehr – im Gegenteil, im langsamen Nachvollzug amerikanischer Großstadt-Usancen gilt es als avantgardistisch, in alten Hafenarealen, Fabrikvierteln oder Schwerindustriezonen Freizeit-, Wohn- und Arbeitsangebote zu suchen. Kürzlich erst belegte eine Investoren-Studie in Hamburg, wie rentabel dies sein kann. Freilich ist mit diesem Nutzerdruck auch wieder die Gefahr des Verlustes dessen, was man eigentlich hat schützen wollen, verbunden. Aber dies ist ein Prozess, der auch bei der »Entdeckung« zuvor verslumter Gründerjahreviertel oder bei der Umwidmung von Wind- und Wassermühlen eine Rolle gespielt hatte. »Denkmalpflege ist Sozialpolitik« war der Titel eines Kongresses 1975 in Kassel. So berechtigt diese Forderung war und ist, sie ist wohl bis auf wenige Ausnahmen als Utopie zu verstehen. Denkmalpflegerische Tätigkeit hält die Zeit nicht an. Sie ist und bleibt ein Angebot, das in sehr unterschiedlichem Maße angenommen wird. Aus der Sicht der Industriedenkmalpflege ist aber darauf zu beharren, dass dieses Gebiet nicht selektiv mit besonders unerfüllbaren Forderungen konfrontiert wird. Sowenig wie in denkmalgeschützten Fabriken zwischen morgens sechs und abends sechs wie im Jahre 1860 gearbeitet wird, so wenig zelebriert der absolutistische Fürst im barocken Schloss noch heute sein »lever«. Die Erhaltung von historischen Gebäuden und Artefakten kann also – im Industriebereich genauso wie im Bereich der Kunstdenkmale – in keiner Weise gleichzeitig die Bewahrung der mit den Bauwerken ursprünglich verbundenen Lebensformen und -haltungen bewirken wollen. Wie gesagt – es ist ein Angebot. Die Gesellschaft muss entscheiden, wie sie mit diesem Angebot umgeht.

Eine merkwürdige Sonderstellung nehmen unter den Industriedenkmalen solche ein, die von namhaften, auch im allgemeinen Baugeschehen hervorgetretenen Architekten geplant und errichtet worden sind. Zwar sind auch diese nicht mit hoher Sicherheit gefeit gegen Verunstaltung und Vernichtung. Die Liste der Abbrüche von Schinkels Berliner Packhof über Schwechtens Mosaikfabrik Puhl & Wagner bis zu Muthesius' Potsdam-Nowaweser Seidenfabrik ist lang. Auch Erich Mendelsohn ist bei der Luckenwalder Hutfabrik oder Mies van der Rohe bei den Krefelder Anlagen für die »Vereinigten Seidenwebereien« nicht geschont worden. Aber Gropius'/Meyers Versand- und Bürogebäude der Faguswerke von 1911 in Alfeld, Behrens'/Bernhards Montagehalle der Turbinenfabrik der AEG in Berlin-Tiergarten von 1909 oder Peter Behrens' Industrieverwaltungsgebäude für die Mannesmann AG in Düsseldorf von 1911/12, für die Continental in Hannover von 1912 bis 1914/1921 und für die Hoechst, Meister Lucius & Co. 1920-1924 in Frankfurt-Höchst wird mit aller Wahrscheinlichkeit niemand mehr beseitigen wollen, ebensowenig wie Erich Mendelsohns jüngst erneut instandgesetzten skulpturalen, 1920-1924 errichteten Potsdamer »Einsteinturm«, wenn auch Wachsamkeit bei Veränderungen an diesen Inkunabeln des Industriebaues weiter vonnöten ist. Für Peter Behrens' Lagerhaus der Gutehoffnungshütte in Oberhausen von 1920-1925 galt dies nicht unbedingt; hier gab es immer wieder Veränderungsabsichten, bis der Bau nun endgültig Teil des Rheinischen Industriemuseums geworden ist (vgl. S. 118).

Wieweit baugeschichtliche Wertungen vom Kenntnisstand der Zunft abhängen, zeigt die Entdeckung des sogenannten »Ostbaues« der Stofftierfabrik Margarete Steiff in Giengen an der Brenz: »Wem sind schon die Fabrikgebäude der Firma Steiff in Giengen an der Brenz bekannt, funktionalistische Skelettbauten mit nahtlos rundum vorgehängter Glasfassade und sichtbaren Windverbänden, die Walter Gropius' berühmte Schuhleistenfabrik in Alfeld an Konsequenz weit hinter sich lassen?«, fragt Falk Jaeger 1985. Es wird noch eine Weile dauern, bis dieses von völlig anonymen Münchener Ingenieuren 1903 realisierte Meisterwerk in die Architekturgeschichten Eingang findet. Aber es ist auch ein Beispiel dafür, dass es sich lohnt, immer wieder hinauszugehen und an der »Umwertung aller Werte« ein wenig teilzunehmen. Es geht ja nicht darum, einen neuen Begriff von dem zu entwickeln, was eine Gesellschaft als bewahrenswert ansieht. Die Parole lautet nicht »Fabriken gegen Kirchen«. Wohl aber haben die letzten dreißig Jahre im ganzen doch die Richtigkeit des Konzeptes »Fabriken und Kirchen« erwiesen, auch wenn noch eine Vielzahl von Beteiligten der Meinung sein mag, es müsse statt dessen »Kirchen und Fabriken« heißen.

So bleibt die Frage, wie es gelingt, auf dem Gebiet der Industriedenkmale zur gleichen Grundlagenkenntnis und Bewertungssicherheit zu kommen wie auf dem Gebiet der traditionellen Denkmale. Und da Bewertungsfragen nie feste Größen sind, sondern die jeweiligen gesellschaftlichen Anschauungen immer wieder für Wandlungen sorgen, gilt es, diese Anschauungen durch Aufklärung und Praxis mitzuformen. Was den Aspekt der Brauchbarkeit historischen Industriebaus angeht, so ist Umnutzung für Gewerbe und Industrie beileibe kein neues Thema. Einen regelrechten Boom stellte die Säkularisation am Anfang des 19. Jahrhunderts dar. Verleger, Kaufleute und Fabrikanten erwarben Klöster, Kirchen und Schlösser aus ehemals geistlichem Besitz und verwandelten diese in Textilfabriken, Glasschmelzen, Eisenhütten oder Gewehrfabriken, wie zum Beispiel die Firma Mauser das ehemalige Augustinerkloster Oberndorf oder die Keramikhersteller Villeroy & Boch die auf das 7. Jahrhundert zurückgehende Benediktinerabtei Mettlach. Auch innerhalb des Industriebaubestandes war ein Nutzungswechsel nicht ungewöhnlich: 1845 wird die 1802 errichtete Papierfabrik in Euskirchen-Kuchenheim Tuchfabrik, 140 Jahre, bevor sie abermals ihren Charakter verändert, um zur Museumsaußenstelle des Rheinischen Industriemuseums zu werden (vgl. S. 134). Seit 1964 fertigt ein großes süddeutsches Autoelektronikunternehmen Autoscheinwerfer in einer 1906 errichteten Reutlinger Textilfabrik, die 1980 umfassend renoviert wurde. In Berlin kommen Compact Discs aus den von Peter Behrens konzipierten Räumen des AEG-Standortes Wedding. Weiternutzung ist ebenfalls kein so seltenes Phänomen, wie man vielleicht annehmen könnte. Viele rheinische Textilunternehmer produzierten bis in die 1960er und 70er Jahre in zum Teil über hundertjährigen Fabrikarealen. Weniger diese Tatsache, als die im Weltmaßstab nicht konkurrenzfähige Situation der deutschen Textilindustrie angesichts von Billigimporten ließ sie aufgeben. In der ältesten Gasröhrenfabrik des Kontinents wird heute Pappe hergestellt (vgl. S. 124), in einer fast hundert Jahre alten Ofenfabrik werden Gasbrenner montiert. Aus dem zwischen 1890 und 1916 errichteten Areal einer Düsseldorfer Waggonfabrik gehen Straßenbahnwagen in alle Welt, und aus den Kölner Fabrikhallen, in denen bereits 1850 Unterwasserkabel hergestellt wurden, kamen noch in den 1990er Jahren 400.000 Volt-Kabel. Das Gros jedoch aller in den Arbeitsbereich der Denkmalpflege gelangenden Industrie- und Technikbauten ist in der einen oder anderen Weise an das Ende des bisherigen Nutzungszyklus gekommen. Dies ist überhaupt erst der Grund dafür, dass die Denkmalpflege eingeschaltet wird, sieht man einmal von der kontinuierlichen, aber in den letzten Jahren stark eingeschränkten Inventarisationstätigkeit ab, die ja im Idealfall systematisch und Schritt für Schritt alle historischen Bauwerke eines topographischen Zusammenhanges in Augenschein nimmt, ganz unabhängig von den Schicksalen der Objekte. Ganze Zweige der Industrie sind bei uns nur noch als Ausnahmefälle vertreten. Von der Textilindustrie war die Rede. Die letzten Jahrzehnte haben in zyklischer Wiederkehr drastische Verminderungen der Zahl schwerindustrieller Betriebe wie Zechen, Hochofenwerke, Stahlwerke, Walzwerke und metallverarbeitender Betriebe allgemein mit sich gebracht. Nicht nur in Deutschland, in ganz Europa und besonders in seinem östlichen Teil verlieren ganze Regionen ihre Leitindustrien. Der Tag ist abzusehen, an dem im Ruhrgebiet keine Zeche mehr fördern, kein Hochofen mehr auf die »Ofenreise« gehen wird. Auch die historischen Bauten und Anlagen des Verkehrs und Versorgungsbereiches verlieren ihre Nutzungskontinuität. Kanäle werden auf Euro-Format gebracht, Kraftwerke aus dem Netz genommen, Bahnhöfe schließen und ehemalige Handelshäfen werden zu Freizeitarealen.

Es ist also klar, dass all diesen Funktionsverlusten nicht Fall für Fall ein Neunutzungskonzept entgegenzusetzen ist. Andererseits ist aber auch klar, dass ohne eine zumindest mittelfristig aussichtsreich erscheinende Vorstellung von der weiteren Verwendung eines historischen Industriebauwerkes niemand darauf hoffen kann, dass es erhalten bleibt. Diese Vorstellungen sind ohnehin nur entwickelbar an einem kleinen Prozentsatz des gesamten historischen, ja sogar des gesamten historisch wichtigen Bestandes. Das Kunststück besteht nun darin, dieses schmale Segment des Erhaltbaren so auszugestalten, dass es zu einem repräsentativen Gesamtbild der wirtschaftlich-technischen und sozialen Entwicklung der letzten zweihundert Jahre in Deutschland führt. Hier muss der Spielraum noch größer werden. Wenn es nach allgemeiner Übereinkunft auf nationaler, regionaler und vor allem auch kommunaler Ebene durchsetzbar ist, dass jede neugotische Feldkapelle erhalten werden muss, dann kann dieses im Vergleich doch auch »nutzungsfreie« Objekt nicht mehr oder weniger wert sein als das Eisenbahnstellwerk mit Fachwerkobergeschoss, der Bahnhaltepunkt oder der Wasserturm, um nur einmal kleinere, aber gerade in ihrer Vielzahl vergleichbare und landschaftsprägende Elemente unserer Kulturlandschaft zu nennen. Dann ist auch erreichbar, dass der Kirchturm in gleicher Weise wie das Fördergerüst oder der Wasserhochbehälter als Komponente der Stadt- oder Stadtteilsilhouette empfunden wird. Glücklicherweise artikuliert sich das Einverständnis mit dieser Sicht mehr und mehr. Glücklicherweise ist dieses Einverständnis auch ganz offensichtlich so wachstumsfähig, dass es auf größere Objekte und Komplexe ausdehnbar ist. Im Jahre 1993 beging Deutschland nach dem langbewährten Vorbild seiner Nachbarländer zum ersten Mal den »Tag des offenen Denkmals«. Es war sehr beeindruckend, am Standort des teildemontierten Stahlwerks »Maxhütte« im thüringischen Unterwellenborn Tausende von Besuchern zu erleben, die gekommen waren, teils aus alter Vertrautheit mit dem Arbeitsplatz, teils aber die Möglichkeit ergreifend, einen nie betretbaren »Platz der Arbeit« endlich einmal selbst in Augenschein zu nehmen.

Natürlich transportiert die Erhaltung und damit Heraushebung einer industriellen Arbeitsstätte nicht nur positive Reminiszenzen. Es muß deutlich werden, dass Erhaltung nicht eine quasi rückwirkende Belobigung historischer Lebens- oder Arbeitsverhältnisse darstellt. Wer identifiziert sich schon mit der gnadenlosen Willkür absolutistischen Fürstentums, wenn er Barockschlösser durchschreitet? Der Unterschied bei den Industriedenkmalen ist, dass mehr Menschen Erfahrungen mit ihnen haben als mit Benediktinerklöstern. Erhaltung muss also auch Widerspruch integrieren, muss mehr Haltungen ansprechen als die Nostalgie der Insider oder die Neugier der Outsider, obwohl letztere ein guter Ansatzpunkt für das Wecken von Interesse ist. Symbolisch dafür der Tränenausbruch einer Ehefrau während eines Tages der »offenen Tür«, deren Mann mitten bei der Arbeit im Hüttenbetrieb der Herzschlag getroffen hatte: Sie hatte diesen Platz zuvor nie sehen dürfen. Er war, solange die Hütte in Betrieb war, wie viele Arbeitsareale nach außen »abgeschottet«.

Es gibt viele Erhaltungsmöglichkeiten. Eine davon ist das Museum im Denkmal. Die letzten fünfzehn Jahre haben viele solcher Gründungen erlebt, allein in Nordrhein-Westfalen sind es vierzehn geplante, teilweise schon eröffnete Musumsstationen in historischen (mit der Ausnahme eines Neubaus) Standorten. Die Stiftung Industriedenkmalpflege betreut weitere zwölf Standorte. Vielleicht ist es nun erst einmal genug damit. Hermann Lübbe spricht bereits von der »Aufdringlichkeit der Geschichte«. Der Denkmalpfleger bevorzugt Konzepte von mehr Alltagsnähe. Die Textilfabrik, die Rathaus geworden ist, zum Beispiel, wie in Engelskirchen bei Köln. Ein Industriemuseum gibt es dort auch. Es ist quasi »Appartementbesitzer« eines Geschosses der ehemaligen Baumwollspinnerei von »Ermen und Engels«. Friedrich Engels weilte öfter in der vom Vater mitgegründeten Fabrik. Oder der Goslaer Rammelsberg mit seinen Zeugnissen aus Hunderten von Jahren Bergbaugeschichte, soeben als »Expo 2000«-Projekt eröffnet – auch ein Museum in Teilen, aber – hoffentlich – auch einfach ein erfahrbares altes Produktionsareal. Das Meidericher Hochofenwerk in Duisburg: Hier gibt es auch aufbereitete Informationen, aber auf den Hochofen kann man ganz allein steigen oder um die Erzbunker herumlaufen. Dies sind erste Versuche der noch immer jungen »Industriearchäologie«, von der Industriedenkmalpflege ein Teil ist.

Für alles, was nicht musealisierbar ist (und auch nicht sein soll), gilt: »Nutze neu oder stirb.« Das Schwierige ist die stetige Gratwanderung zwischen Anpassung an die neuen Anforderungen und Beharrung auf dem essentiell Wichtigen am Denkmal. Die Industriedenkmalpflege hat es etwas einfacher als die traditionellen Denkmalschützer: Bei Industriebauten, die zwar Baukunstaspekte haben können, aber nicht müssen, geht es nicht immer um jeden Quadratzentimeter romanischer Wandmalerei, die keine Heizung duldet, oder um jedes stukkierte Barockengelbeinchen. Viele Areale im Industriebau sind robust, haben der Veränderbarkeit immer schon Raum gegeben. Denkmalpflegerisch bleibt aber immer vorausgesetzt, dass die »Essentials« überleben. Das kann bedeuten, dass das Gusseisenskelett nicht schon einmal per se hinter Beton verschwindet, die Holzbalkendecken nicht ohne Not dem Feuerschutz geopfert werden, die Fensterprofile erhalten bleiben. Die Grenze liegt immer unterhalb von »Zuviel des Guten«. Der schneeweiße

Anstrich in der Maschinenhalle, »damit es ordentlich ist«, die Zierbeete auf dem historischen Fabrikhof, »damit es nach was aussieht«: Industriewelt ist oft funktionale, aber karge Welt (fern von der Vorderfront der Imponierfassade), und wenn Neunutzung dann »Aufrüstung« meint, gehen Authentizität und Substanz verloren. So kann der Vorteil eines Mangels an »Kunstschönem« leicht den Schmucktrieb aus einem »horror vacui« heraus entfesseln. Das Schwierige ist auch, dass das, was für Objekt A geht, für Objekt B völlig unmöglich ist, dass alles nur vor Ort und im einzelnen entwickelt werden muss.

Was am ehesten hilft, sind daher Beispiele über Beispiele. Je mehr Kenntnisse über Problemlösungen verbreitet sind, desto einfacher lassen sie sich in die Debatte bringen, lässt sich auf ein »Unmöglich« oder ein »Zu teuer« mit einem durchgeführten Beispiel reagieren, mit einer vorhandenen Kostenaufstellung überzeugen. Wer sich nicht überzeugen lässt, hat eh andere Motivationen und sollte dies auch klar sagen. Die Denkmalpflege muss ihre Einschätzungen der Denkmalwürdigkeit eines Objektes, aber auch ihre auf diesen Einzelfall anwendbaren Erfahrungen beisteuern.

ZWEIHUNDERT JAHRE WIRTSCHAFT, TECHNIK UND INDUSTRIE IN NORDRHEIN-WESTFALEN

Als Johann Gottfried Brügelmann 1783/84 die erste wassergetriebene mechanische Baumwollspinnerei des europäischen Kontinents an der Anger in Ratingen bei Düsseldorf in Betrieb setzt, tut er das versehen mit einem Privileg seines Landesherrn, dessen Titel lautet: »Carl Theodor von Gottes Gnaden Pfalzgraf bei Rhein, Herzog in Ober- und Niederbayern, des Heiligen Römischen Reiches Erztruchseß und Kurfürst zu Jülich, Kleve und Berg, Herzog, Landgraf zu Leuchtenberg, Fürst zu Moers, Marquis zu Bergen op Zoom, Graf zu Geldern, Sponheim, der Mark und Ravensberg, Herr zu Ravenstein etc.« Wie in einem Puzzlespiel kann der heutige Zeitgenosse sich aus der Aufzählung der Territorien Gebiete herausklauben, in denen sich gut fünfzig Jahre später aufstrebendes industrielles Leben regen wird und die samt und sonders in einem Staatsgebilde aufgehen sollten, das sich seit dem 23. August 1946 (Verordnung Nr. 46 der Britischen Regierung) »Nordrhein-Westfalen« nennen würde. Gerade durch frühe wirtschaftliche Tätigkeiten aber, von denen die Brügelmannsche Unternehmung im ausgehenden 18. Jahrhundert sozusagen nur ein Auftakt gebender Trompetenstoß war, hatte eine, war das Territorium in vielfältiger Hinsicht bereits Einheit erlangt, die später durch die bindestrichverbundene Namensgebung Nordrhein-Westfalen ihre endgültige Bezeichnung fand.

Seit etwa 1820, besonders aber seit der Mitte des 19. Jahrhunderts, werden Bezeichnungen wie »rheinisch-westfälisch« immer geläufiger und finden gleichermaßen Anwendungen auf Projekte wie Eisenbahngesellschaften oder Zeitungsgründungen. Ein besonders schönes Beispiel in diesem Zusammenhang ist die Gründung des »Vereins zur Wahrung der gemeinsamen wirtschaftlichen Interessen in Rheinland und Westfalen« von 1871, der von den Zeitgenossen mit der gleichen Ungeduld zu der fast karikaturistischen Kurzform »Langnamverein« verdichtet wurde, mit der wir Heutige unser Bundesland bündig als »NRW« vorzustellen pflegen. »Rheinland-Westfalen« war um die Mitte des vorletzten Jahrhunderts eine Bezeichnung, die vorzugsweise im Zusammenhang mit wirtschaftlich-technischen Aktivitäten zum Begriff wurde. Wenn auch zwischen Aachen im Westen und Minden im Osten von Heidewirtschaft bis Zechentiefbau alle möglichen Wirtschafts- und Technikformen praktiziert wurden, so war das gesamte Gebiet doch deutlich von einem rasanteren Prozess der Modernisierung erfasst worden, als das für andere Teile des späteren Deutschen Reiches der Fall war. Für uns »Westliche« musste das nach 1945 um so mehr im Vordergrund unserer Wahrnehmung stehen, als andere für die Industrialisierung wichtige Länder wie Sachsen oder Oberschlesien wegen ihrer Lage hinter verschieden ausgeprägten neuen Grenzen fast über Gebühr aus dem Bewusstsein schwanden. So verstärkte sich über die letzten fünfzig Jahre eine Perspektive, die unseren Lebens- und Wirtschaftsraum als »Experimentierfeld, Labor und zugleich Pionier der Moderne in Deutschland« (Jürgen Reulecke) darstellte – und das entspricht durchaus den Tatsachen.

An dieser Stelle ist es nützlich, das Gebilde, um das es hier geht, mit den nüchternen Augen des Geographen bzw. wirtschaftshistorischen Geographen zu betrachten.

Wirtschaftsgeographie

Nordrhein-Westfalen umfasst gut 34.000 qkm und ist damit größer als Belgien (gut 30.000 qkm, mit ebenfalls beachtlichen Konzentrationen der Schwer- und anderer Industrien), jedoch kleiner als die Niederlande mit gut 41.000 qkm. Die Relation der Bevölkerungsziffern ist knapp 18 zu gut 10 bzw. gut 15 Millionen Einwohnern. Topographisch ist das Land in sich nicht signifikant unterteilbar. Beide Landesteile haben Flächen, die zum Norddeutschen Tiefland bzw. zum Nordrand der Mittelgebirge gehören, letzteres mehr in Westfalen als im Rheinland. Sie bilden zusammen eine zwischen Nord- und Süddeutschland vermittelnde Region. Am Südrand verläuft das Rheinische Schiefergebirge von der Gegend südlich Aachens über den Rhein zum Westerwald und steigt über das westfälische Süder-Bergland zum Rothaargebirge mit Nordrhein-Westfalens höchsten Erhebungen mit 843 (Langenberg) bzw. 841 (Kahler Asten) Metern an. Der nach Norden schwenkende Gebirgsbogen rahmt über Eggegebirge und Teutoburger Wald die Westfälische Bucht. Münsterland, Westfälische Bucht und Niederrheinisches Tiefland öffnen sich flach in Richtung Nordwesten zu den Niederlanden und dem Meer. Die Flüsse fungieren nur auf jeweils kurzen Strecken als Landesgrenzen. Eifel und Hohes Venn verbinden Deutschland und Belgien mehr, als dass sie eine Trennung darstellten. Die bei weitem dominanteste Südost-Nordwest-Magistrale stellt der Rhein dar mit seiner NRW-Strecke als Teil der übergreifenden Verbindung zwischen Nordsee und Mittelmeer, was seit dem Mittelalter eine Stadt wie Köln zum »Welthandelsplatz« im historischen Verständnis machte. Flandern und England waren von hier aus ebenso gut erreichbar wie Mainz, Frankfurt oder Basel.

Quer zum Rhein dominieren die Flüsse Ruhr und Lippe, ersterer wiederum von rheinparallelen Wasserläufen wie Volme, Lenne, Hönne, Röhr und Venne verstärkt. Teil der Fernverbindung Flandern-Ostdeutschland ist die Landverbindung des Hellwegs, auf dessen nordrhein-westfälischem Teilstück Städte wie Duisburg, Mülheim, Essen, Wattenscheid, Bochum, Dortmund und Unna liegen, wie Werl und Soest Kreuzungspunkte mit Straßenverbindungen aus dem Süden. Egge und Lipper Bergland wie Solling und Weserbergland sorgten weiter östlich dafür, dass die Ost-West-Verbindung den Nord-Süd-

Gleiche Bilder wie in Westfalen: Enscheder Textilfabrik

Achsen unterlegen blieben. Nach Westen öffnen sich aber Westfalen wie Rheinland zu Flandern, Brabant und Holland hin: Vor bestimmte Textilfabriken des Twente oder der Gronauer Gegend gestellt (vgl. S. 144), könnte man noch heute Unterschiede kaum ausmachen. Zwischen Deutschland und den Niederlanden weiter im Süden am Niederrhein ist es nicht anders.

Seit dem 18. Jahrhundert und länger verbinden sich mit den so charakteristischen Topographien feste Produktbegriffe: Sind es für das östliche Westfalen eher Pumpernickel und Schinken, also Agrarprodukte, so stehen für das östliche Rheinland Kohle und Eisen. Dazu kommen als ebenso signifikante Produktionsdominanten seit alters her aber auch Leinengewebe aus Rheinland und Westfalen, märkisches Garn, türkisch-rot gefärbte Stoffe aus dem Wuppertal oder Seidentücher aus Krefeld, um nur markante Warengruppen zu nennen. Rohstoffquellen begünstigten stets die wirtschaftlichen Aktivitäten des späteren Nordrhein-Westfalen. Vom Beginn der Industrialisierung bis nach dem Zweiten Weltkrieg gab es hier eine stabile Basis, um das Vorgefundene nutzbar zu machen. Zu dieser gehörten metallische Rohstoffe wie Siegerländer Eisenerz, das auch bei der Porta Westfalica und in der Eifel ausgebeutet wurde. Wichtig war das Galmei als Ausgangsmaterial für die Messingproduktion bei Stolberg (vgl. S. 127), Bleierz in Mechernich im größten westeuropäischen Vorkommen (vgl. S. 90), Blei und Zinkerz östlich Kölns am Lüderich und im Sauerland, sowie Schwefelkies und Schwerspat im Kreis Olpe. Das ostwestfälische Salz ist zu nennen, vor allem in der vorindustriellen Epoche. Auf der linken Rheinseite bei Wesel wurde und wird dann Steinsalz auch in industriellem Maßstab bergmännisch gewonnen (vgl. S. 108 und 214) . Den auch für die Montanindustrie wichtigen Massenkalk

fördert man im Bergischen Land (vgl. S. 120), am nordöstlichen Eifelrand sowie in den riesigen Gruben zwischen Düsseldorf und Wuppertal. Kalkmergel zur Zementherstellung fand und findet sich westlich Paderborns (vgl. S. 121). Lange Tradition hat die Tonwarenfabrikation im Aachener, Kölner,

Siegburger und Westerwälder Raum. Backsteine in Millionenzahl gingen nach der Entwicklung des kontinuierlich arbeitenden Ringofens von der Ziegeleizone längs der niederländischen Grenze (vgl. S. 123) bei Brüggen über den Wasserweg bis nach Berlin.

An allererster Stelle waren es aber die Kohlevorkommen, die Rheinland-Westfalen – zusammen mit dem oberschlesischen Bergrevier – in eine deutsche und europäische Spitzenposition beförderten. Die Vorkommen mit Flözstärken beträchtlichsten Ausmaßes erstrecken sich vom Aachener Revier über das Bergische und märkische Land bis ins niederrheinische Tiefland und ins Westmünsterland. Bei Ibbenbüren finden sich kleinere Vorkommen, deren Abbau ebenfalls zahlreiche bauliche Zeugen hinterlassen hat (vgl. S. 87). Die Aachener Steinkohlevorkommen (vgl. S. 111) sind in einzigartig enger Nachbarschaft verzahnt mit den größten europäischen Braunkohlevorkommen, deren Tagebaue unter hohem Verbrauch hochwertiger Agrarlandschaft die Gebiete westlich Kölns dominieren (vgl. S. 109).

Damit sind in sehr groben Zügen die topographischen und damit bodenschatzbezogenen Voraussetzungen der späteren »success story« Nordrhein-Westfalens im Zuge der Industrialisierung skizziert. Natürlich bedurfte es noch zahlreicher, zu einem guten Teil auch von außen kommender Impulse, vor allem aber eines beträchtlichen menschlichen Potentials, um diese statischen Gegebenheiten in dynamische Prozesse zu verwandeln.

Der lange Weg zur Industrie

Wie in anderen Teilen der vorindustriellen Welt auch, herrschte im späteren Nordrhein-Westfalen ein Zustand sich nur sehr langsam verändernder Nutzungstechniken natürlicher Gegebenheiten. Dank eines verlässlich wehenden Westwindes und zahlreicher ergiebiger Wasserläufe gab es in großer Zahl die Lieblingsobjekte einer seit 1910 tätigen Technik-Denkmalpflege: Wind- und Wassermühlen mit ihrer bis in die Antike (Wassermühlen) und auf das Mittelalter ab etwa 1150 (Windmühlen) zurückgehenden Technologie. Topographische Häufungen gaben einzelnen Landstrichen ihre Charakteristik: So thematisiert der westfälische Landkreis Minden-Lübbecke seit 1976 mit einer Mühlenstraße von mehr als dreißig Mühlen und dem Bestreben, in jeder seiner elf Gemeinden und Städte eine Windmühle restauriert dem Besucher zu öffnen, seine spezifische Technikgeschichte. Die im Bergischen Land gelegenen Städte Remscheid und Wuppertal zum Beispiel bieten ähnliches für Gruppen von Wassermühlen, bzw. -hämmern.

Technische Konsequenzen hatte auch das vor allem nach der Machtübernahme durch Preußen verstärkte Bemühen um die Verbesserung der landwirtschaftlichen Verhältnisse, ein Prozess, wie er in England Jahrzehnte zuvor zu einer Verschiebung der Beschäftigungsverhältnisse vom Agrarsektor fort und hin zum neu entstehenden Fabrikwesen geführt hatte. Das 1819 der Universität angegliederte Landwirtschaftliche Institut in Bonn verband dazu in Deutschland die Lehre mit praktischen Übungsmöglichkeiten. Fördervereine für den landwirtschaftlichen Sektor entstanden in der Eifel und im Bergischen, schließlich 1840 für ganz Rheinpreußen.

Agrarischer Tätigkeit entstammte auch ein Rohprodukt für die spätere fabrikmäßige Textilindustrie: In beiden Landesteilen Nordrhein-Westfalens bildete der Flachs die Basis für eine zunächst häuslich betriebene Textilproduktion. Teile des Niederrheins und das Ravensberger Land waren Schwerpunkte der Erzeugung. Rohware wurde seit langem im Tal der Wupper gebleicht und verzwirnt, ging auch seit dem 18. Jahrhundert in die Niederlande. Um 1840 kam es aufgrund von Verschiebungen im Agrarsektor zu einem Überangebot an landwirtschaftlichen Kräften, die ihren Unterhalt mit Handspinnen und Weben verdienen wollten. Besonders im seit 1614 preußischen Ostwestfalen prägte sich das Verlegersystem aus, das bäuerliche Rohstofflieferanten und Verleger-Kaufleute begünstigte, Spinner und Weber als Zwischenglieder dieser Produktionskette aber benachteiligte. Anfang des 19. Jahrhunderts war auch das Siegerland mit der Produktion von Geweben aus Flachs und Baumwolle (Siamosen) ein stark von der Textilfabrikation beherrschter Landstrich, ebenso große Teile der Eifel (Wolle). Hier lief vor allem das Weben parallel zu einer bescheidenen landwirtschaftlichen Tätigkeit zur Selbstversorgung. Dieses protoindustrielle Produktionsmuster hatte aber keine Zukunft, lediglich die Krefelder Samt- und Seidenweberei und die Münsterländer Woll- und Halbwollweberei rettete den reinen Handbetrieb noch bis ins 20. Jahrhundert hinein. Der Flachs als Rohstoff verlor jedoch generell an Boden. In der Baumwollverarbeitung war dem eingangs erwähnten Johann Gottfried Brügelmann 1783/84 mit der Anlage der als Gebäudekomplex (vgl. S. 130) noch heute bestehenden Fabrik Cromford ein entscheidender Durchbruch zum Fabriksystem nach englischem Muster gelungen. Die eigentliche Phase der Umstellung auf Fabrikbetrieb in der nordrhein-westfälischen Baumwollindustrie fand allerdings dann erst ab etwa 1820 statt, vor allem im gewerbereichen preußischen Regierungsbezirk Düsseldorf. Elberfeld und Gladbach (das spätere Mönchengladbach) machten sich auf den Weg zu der Ehrenbezeichnung eines »deutschen Manchester« im Baumwollbereich. Im Bergischen Land erblühte die Wolltuchproduktion, wie die prächtigen Fabrikanlagen im Tal der Wupper bei Dahlhausen, Vogelsmühle und Dahlerau (vgl. S. 132) zusammen mit vielen weiteren beweisen. Zwar brachte in Deutschland die Textilindustrie nicht in dem Maße die Startphase des Industriezeitalters in Schwung, wie das in Großbritannien ab 1770 der Fall gewesen war (das sollte phasenverschoben eher das beginnende Eisenbahnzeitalter und das damit notwendig werdende Metallgewerbe ab etwa 1840 mit sich bringen), den Beginn des Fabrikzeitalters bewirkte diese Branche aber allemal. Und die im späteren Nordrhein-Westfalen angesiedelten Betriebe für die Verarbeitung der Rohprodukte Baumwolle, Wolle, Flachs und Seide standen an der Spitze der deutschen Entwicklung ins Industriezeitalter.

Kohle und Eisen

Ähnlich wie bei der Textilindustrie betrieb man in unseren Breiten die bergbauliche Tätigkeit nach »alter Väter Sitte«. Der Einsatz von Maschinenkraft im Bergbau, wie er in England bereits am Anfang des 18. Jahrhunderts mit der Savery'schen Dampfmaschine »The Miner's Friend« im Bergbau begann, sollte hierzulande noch hundert Jahre auf sich warten lassen. Der Kohleabbau fand an den Hängen des Ruhrtales meist im Stollenbetrieb statt. Die Transportbedingungen verbesserten sich auf dem Wege vom Stollenmundloch zur Kohleniederlage am Fluss durch die Einführung hölzerner Schienen anfangs des 19. Jahrhunderts, eiserne folgten erst zur Jahrhundertmitte, fast fünfzig Jahre nach der englischen Entwicklung, wo man kurz nach 1800 ja bereits »Dampfwagen« und Eisenschiene zu kombinieren lernte.

Wie in anderen Bergrevieren war der vertikale Transport des »Hauwerkes« aus den tiefer werdenden Schächten ein wachsendes technisches Problem. Im Siegerland setzte man das seit der Zeit von Agricolas berühmtem Buch »De re metallica« von 1556 geläufige Verfahren, mit Wasserkraft zu fördern, um 1750 in die Praxis um. Hier importierte der Oberbergmeister Johann Heinrich Jung auch die im Harz entwickelte Technik, mit untertägig installierten Wasserrädern die unerwünschten Wasserzuflüsse abzupumpen. Damit war im Siegerländer Erzrevier eine Technik etabliert, die so in das im Flachland gelegene Kohlerevier nördlich der Ruhr nicht zu übertragen war, da sich

Wasser mit Wasser gefördert: »Feldgestänge« im Harz und Siegerland

hier keine Gefällewirkung zur Ausbeutung fand. Der Versuch zum Einsatz der in England ja schon erprobten Dampfmaschine schien daher aller Mühen wert. Bezug und Montagemöglichkeit solcher neuartigen Maschinen war allerdings noch lange nicht gleichzusetzen mit erfolgreichem Betrieb. Es gibt immer wieder Nachrichten über Versuche einer Ingangsetzung, so bereits um 1751 auf einer Bleierzgrube bei Lintorf nahe Düsseldorf. Aber die verlässlich erste Dampfmaschine im nordrhein-westfälischen Bergbau lief ab 1793/94 zur Wasserhaltung der Grube Zentrum in Eschweiler-»Pumpe«, wo sie eine gewaltige »Wasserkunst« unterstützte (vgl. S. 86). Im Ruhrrevier gelangte 1801 auf der Bochumer Zeche Vollmond eine 1792 in Schlesien gebaute Newcomen-Dampfmaschine durch den Essener Franz Dinnendahl zur Aufstellung. 1803 läuft auf der Zeche Wohlgemut in Essen-Kupferdreh die von ihm gebaute erste Dampfmaschine aus deutscher Produktion im nordrhein-westfälischen Bergbau. 1828 liefen 26 Maschinen im Essen-Mülheimer Raum.

Noch im letzten Viertel des 18. Jahrhunderts hatten die preußischen – vertraglich mit ihnen verbunden auch die anderen – Ruhranliegerstaaten die Schiffbarmachung dieses Flusses betrieben, der nach dem Fahrzeugaufkommen sogar noch nach der Mitte des 19. Jahrhunderts Deutschlands meist befahrener Fluss werden sollte. Zwischen 1774 und 1780 entstanden sechzehn Schleusenanlagen, von denen viele in renovierter Form noch heute erhalten sind. Nicht weniger als 84 Kohlenmagazine reihten sich an der 74 Kilometer langen, nun schiffbaren Strecke. Sie hatten eine Pufferfunktion zwischen der Förderung der um 1800 etwa 158 Schachtanlagen und ihrer Abfuhrmöglichkeit Richtung Rhein. Mülheim, lange Zeit noch vor Ruhrort zentraler Umschlagplatz für die Ruhrkohle rheinauf und rheinabwärts, war 1849 mit über 10.000 Einwohnern die größte Stadt des heutigen Ruhrgebiets. Um diese Zeit arbeiteten auf fast 200 Kohlenzechen etwa 13.000 Bergleute, während in den ca. 270 Erzgruben des Siegerlandes nur etwa 1.900 Beschäftigte zu verzeichnen waren. Es sind dies verglichen mit den Zeiten der Hochindustrialisierung recht bescheidene Belegschaftsziffern, aber im Vergleich mit anderen Branchen doch schon Vorboten kommender Massenbeschäftigung an der Ruhr. Wendepunkt noch vor der Jahrhundertmitte war im Kohlebergbau der Durchbruch zu Tiefbauzechen, also der Versuch, mit dampfmaschinengestütztem Betrieb an Kohleflöze unterhalb der Mergeldecke in mehr als hundert Metern Tiefe zu gelangen. Im Wettbewerb mit Franz Haniel, einem der bedeutendsten Unternehmer der Montanindustrie der ersten Jahrhunderthälfte, gelang es Mathias Stinnes 1842, aus der ersten Tiefbauzeche »Graf Beust«, nahe dem heutigen Essener Hauptbahnhof gelegen, mit Dampfkraft Kohle aus Tiefen unterhalb der Mergeldecke zu fördern.

1 | Bergbau auf Erz wurde im Ruhrgebiet erst ab 1834 betrieben. Zuvor hatte man sich auf den Abbau von »Raseneisenerz« beschränkt, der aber immerhin die Grundlage für erste Hüttengründungen im Revier bot, nachdem bereits außerhalb 1729 bei Bocholt und noch im 18. Jahrhundert bei Isselburg Ei-

senhütten entstanden waren. 1741 verleiht der Erzbischof von Köln dem Domherrn zu Münster, Franz Ferdinand von der Wenge zum Dieck, die Berechtigung zum Abbau von Eisenstein bei Osterfeld und Buer. 1753 entsteht daraus die Gründung der St. Anthonyhütte am Sterkrader Bach im heutigen Oberhausen. Der hier seit 1779 als Pächter residierende Siegerländer Hüttenmeister Eberhard Pfandhöfer erhält 1781 die Genehmigung zur Errichtung einer zweiten Hütte auf preußischem Gebiet, der Gute-Hoffnungs-Hütte, an der auch die Witwe Helene Amalie Krupp beteiligt war. 1790 entstand als dritte die Hütte Neu-Essen, seit 1796 im Besitz der Fürstäbtissin von Essen, deren Leitung Julius Gottlob Jacobi übernahm, der auf der 1770 vom Kurfürsten von Trier gegründeten Sayner Hütte bei Koblenz sein Handwerk gelernt hatte. Erst die territoriale Neuordnung beseitigte die kleinteiligen Hemmnisse des »ancien régime« mit der Gründung des napoleonischen Großherzogtums Berg 1806 und brachte unter Jacobi, den Mülheimer Haniels und dem Essener Huyssen eine gemeinschaftliche Unternehmung zustande, die seit 1873 unter dem Namen »Gute-Hoffnungs-Hütte AG« – kurz »GHH« – zum Weltkonzern aufsteigen sollte, um 1810 aber zunächst einmal den Beginn eines industrialisierten Hüttenbetriebes einleitete. Um 1815 entstand hier nach Modernisierungen Stabeisen für die Maschinenfabrikation und Brammen für den Walzbetrieb mit einer Beschäftigtenzahl von 112 Arbeitern. Bis Ende der 1820er Jahre waren die drei genannten Hütten die einzigen Eisenerzeuger des Ruhrgebietes.

An dessen anderem Ende, bei Lünen, wuchs die 1826 gegründete Hütte »Westfalia« in die gleiche Größenordnung hinein. 1831 folgte die erste Mülheimer Hütte, die »Friedrich-Wilhelms-Hütte« der Brüder Dinnendahl. Technologisch standen alle diese Betriebe noch vor der Schwelle des Einsatzes von Steinkohle bei der Verhüttung, doch das Thema des Verbundes von Kohle und Eisen, so typisch für das spätere Revier, zeichnete sich bereits ab, ebenso die ruhrgebietstypische Kombination von Eisenerzeugung und -verarbeitung, da die erwähnten Hütten in der Regel bereits mit Hämmern ausgestattet waren bzw. schon mit Maschinenfabriken zusammenarbeiteten. Ein beträchtliches Gefälle gegenüber englischen Verhältnissen blieb jedoch charakteristisch: Als Christian Friedrich Remy in seiner Hütte auf dem Rasselstein bei Neuwied 1824 das Puddeln einführte, war diese Methode zur Verwandlung von Roh- in Schmiedeeisen seit 1784 in England patentiert. 1826/28 brachte Friedrich Harkort auf der Burg Wetter mit Hilfe englischer Puddler (Remy hatte Lütticher Fachleute gebraucht) diese Technik ins Ruhrgebiet. Eberhard Hoesch leistete zur gleichen Zeit diese Einführung für das Eifelgebiet auf seiner Hütte in Lendersdorf bei Düren (vgl. S 116). Damit war aber die erste, eine Massenfertigung von Schmiedeeisen ermöglichende Methode in Deutschland eingeführt mit ihrem Schwerpunkt im nordrhein-westfälischen Bereich. Auch die Fortentwicklung zur Rohstahlerzeugung im Puddelofen kam von hier: Der aus Unna stammende Graveur

beim Heben aus dem Schacht und sorgt für das Abpumpen der zufließenden Grubenwässer. Das preußische Direktionsprinzip sorgte auf der rechten Rheinseite seit Anfang des Jahrhunderts bis etwa 1850 für Leitung, Kontrolle und technische Ausbaustandards der Gruben. Die von guten Konjunkturaussichten beflügelte Unternehmerschaft sorgte ab etwa 1840 für das Anwachsen der Größe des einzelnen Betriebes, ab 1850 waren auch ausländische Aktiengesellschaften im Geschäft.

Technologisch machte man vor dem Hintergrund der besseren Kapitalausstattung rapide Fortschritte, die auch längere Durststrecken bis zum sicheren Erreichen des »Steinkohlengebirges« und zur Förderaufnahme überstand. Dies war nötig, weil die Absenkung eines Schachtes (das »Abteufen«) durch oft problematisch brüchige und wasserhaltige Deckschichten hindurch geschehen musste.

Was über Tage von diesen Aktivitäten zu sehen war (die sog. »Tagesanlagen«), war im Vergleich vor allem zu den englischen Kohlengebieten von solidem Charakter. Massive Back- oder Werksteinbauten über dem Schacht, flankiert von Flügelbauten für die Kessel- und Dampfmaschinenanlage boten das Bild entweder symmetrisch oder winkelförmig angelegter Gebäudegruppen. Aufgrund der hohen Standortkonstanz des Bergbaues sind im Ruhrgebiet Bauten der Epoche zwischen 1840 und 1850 so gut wie gar nicht erhalten. Leider verschwanden erst in den letzten Jahren auch im Revier um Aachen die letzten Zeugen dieser Epoche fast gänzlich. Nach dem noch 1994 erfolgten Abbruch des Schachtgebäudes der Grube Voccart von 1840 und dem Teilabbruch in Kohlscheid der noch 1971 umfangreich erhaltenen Schachtanlage der Grube Langenberg im Jahre 1995 gibt nur noch der arg verfremdete Schachtturm der Stolberger Grube Atsch von 1845 einen Eindruck von dieser sonst in Bauwerken nicht mehr erhaltenen Vor-Malakow-Epoche des rheinisch-westfälischen Steinkohlebergbaus.

Noch nach 1990 abgebrochen: Grube Voccart von 1840

Malakows

Geht man von der Gesamtzahl der zwischen 1850 und 1880 erbauten Malakow-Schachtturm-Zechen aus – sie ist nie genau eruierbar gewesen, es muss sich aber um mehr als hundert solcher Anlagen gehandelt haben –, so ist auch diese Zeit nicht gerade mehr breit dokumentiert. Immerhin haben sich dreizehn Bauwerke, die sich mit diesem Begriff charakterisieren lassen, im Ruhrgebiet erhalten, obwohl man bis in die 1970er Jahre keine Mühen und Kosten gescheut hatte, diese oft über 30 Meter hohen und mit bis zu 2 Metern Wandstärke äußerst massiven Türme zu beseitigen. Sie sind noch heute ein Markenzeichen des Reviers. Obwohl auch in anderen Bergrevieren vom polnischen Waldenburg bis zum belgischen und saarländischen Kohlegebiet solche Bauten entstanden, gibt es nicht noch einmal diese Ballung von markanten Zechen-Wahrzeichen. Die erhaltenen drei – zählt man den Malakow-Turm im Bergrevier Mechernich hinzu (vgl. S. 90) – rheinischen und elf westfälischen Beispiele verdeutlichen die Entwicklung von Technik und Architektur einer spezifischen Bauaufgabe, nämlich eine Architektur zur Bewältigung der stets wachsenden Belastung, die größere Fördertiefen, stärkere Maschinen und höherer Ausstoß in diesen drei Jahrzehnten mit sich brachten. Eine Bastion auf der Landseite der Krim-Flottenfestung Sewastopol war Namenspate – der Krimkrieg als erster über neuzeitliche Medien verbreitete Feldzug hatte das »Fort Malakoff« bekannt gemacht. Während die Franzosen – sie hatten mitgekämpft – eine Torte und einen Marschall so benannten, übertrug man in Deutschland die Idee einer ungeheuer widerstandsfähigen Baustruktur von der militärischen auf eine technische Anlage. Um 1850 waren die zentralen Schachthäuser aufgrund der technischen Notwendigkeiten zu Türmen emporgewachsen. Einmal benutzte man seit den 1840er Jahren mehretagige Förderkörbe, die natürlich höher über das Erdboden (oder »Rasenhängebank-«)-niveau herausgehoben werden mussten. Noch höher wanderte die Hängebank (= Abzugs-)-Ebene, als die Eisenbahngesellschaften zur direkten Verladung eine Zufuhrhöhe für die Kohle von fast 5 Metern verlangten. Damit ist ein Gutteil der Höhenausdehnung der Malakow-Türme erklärt.

Bald entstanden auch Doppel-Malakow-Anlagen zur Erhöhung der Betriebssicherheit. Einziges vollständig erhaltenes Beispiel ist die Gelsenkirchener Zeche Holland mit den beiden 1856-60 abgeteuften Schächten I und II. War der älteste erhaltene Malakow-Turm Carl in Essen-Altenessen von 1856/57 noch ein sparsam gegliederter, klassizistischer Backsteinbau mit ursprünglich einfachem Zeltdach (vgl. S. 88), so erhöhte sich vor allem nach 1870 der Aufwand an Ziermotiven beträchtlich. Immer vor dem Hintergrund, dass man sich primär an der betrieblichen Notwendigkeit orientierte (z.B. Ecktürmchen als Fluchttreppenhäuser), machten sich nun angesichts der Hochkonjunktur und des gewonnenen deutsch-französischen Krieges Entlehnungen aus dem Festungsbau wie Zinnen und Rundbogen-Konsolfriese bemerkbar. Dass der architektonische Anspruch, der hier und da auch Werbemotiven für die als Aktiengesellschaften verfassten und damit kapitalbedürftigen Unternehmen entsprungen sein mag, immer im Zusammenhang mit technisch-betrieblichen Notwendigkeiten geblieben ist, zeigt der von vielen Veränderungen und Modifikationen gezeichnete Zustand der erhaltenen Anlagen.

Dem Ausland fiel der Aufwand auf, der im Ruhrgebiet für die zentralen Schachtgebäude der Steinkohlenzechen zwischen 1850 und 1880 getrieben wurde, die Rede war von der »ästhetisch gerichteten deutschen Natur«.

Stahl

Über dem Ottiliae-Schacht im Harzer Clausthal-Zellerfeld steht mit Baujahr 1876 ein Gebilde, das aus dieser Epoche im Ruhrgebiet nicht mehr erhalten ist: Ein stählernes Fördergerüst, wie es im Revier seit 1869 die schwerfälligen Mauerwerkstürme der Malakows zu ersetzen begann. Mit dem ersten Gerüst dieser Art über der Herner Zeche Barillon von 1869 brach eine viele Jahrzehnte währende Epoche an, die erst mit dem Konzept der Fördertürme, bei denen die Fördermaschine senkrecht über dem Schacht und nicht wie bei der Gerüstförderung, neben dem Schacht am Boden angeordnet ist, Konkurrenz erhielt, aber auch dann noch lange nicht beendet war, entstanden doch selbst in den 1980er Jahren noch solche, freilich in der Form stark modifizierten, Gerüste (vgl. S. 107).

Das stählerne Gebilde beseitigte mit einem Schlag die Probleme der Mauerwerkstürme, die unter den stetig steigenden Betriebsbelastungen regelrecht ins Schwanken geraten waren. Als der neue Werkstoff Schmiedeeisen in ausreichender Menge und Güte zur Verfügung stand, zögerte man im Ruhrgebiet und anderswo nicht, unter Überspringung der in England und Belgien noch länger währenden Phase der Holzverwendung für solche Bauwerke Eisenkonstruktionen auch anzuwenden.

Wo kam das neue Baumaterial her? Als wir zuletzt einen Blick auf die Eisen- und Stahlerzeugung in Deutschland geworfen hatten, verharrte die Produktion bei der Entwicklung der 1824 erstmals auf den Kontinent gekommenen Puddeltechnik für die Erzeugung von Schmiedeeisen. Hoeschs Lendersdorfer Hütte in Düren hatte die Rheinische Eisenbahngesellschaft und weitere Unternehmen aus dem Dürener Raum, wie Englerth in Eschweiler die anderen frühen Eisenbahnbauunternehmen, mit Puddeleisen und ab etwa 1850 auch mit Puddelstahl beliefert. Um diese Zeit aber hatte bereits die Verlagerung der Eisen- und Stahlproduktion rhein- und ruhrabwärts begonnen. So wurde aus dem Eschweiler »Phoenix« ein Essener und Duisburger Unternehmen, wie aus den Poensgenschen Eifeler Betrieben um die gleiche Zeit ein Düsseldorfer Unternehmen werden sollte.

Etwas später, 1871, wechselt auch Hoesch von Düren nach Dortmund. Längst war nicht mehr der Puddelprozess Lieferant des in immer größer werdenden Mengen benötigten Schmiedeeisens. Viel hatte sich verändert seit der phasenverschobenen Übernahme dieses ersten »Massenverfahrens« der Eisenerzeugung. In England hatte man gelernt, den enorm gestiegenen Eisenbedarf aller möglichen Zweige der Industrie zu decken. Die Erzschmelze war endgültig ein Steinkohleprozess geworden, der Kokshochofen, dem beim Schmelzprozess ab etwa 1835 auch Heißluft eingeblasen wurde, war nun die Regel. In Süddeutschland hatte man, parallel zu England, herausgefunden, dass zum Lufterhitzen das oben am Kokshochofen austretende »Gichtgas« mit hoher Energieausbeute einzusetzen war. Im schlesischen Gleiwitz begann mit schottischer Hilfe 1796 auch ein erster deutscher Kokshochofenbetrieb.

Der entscheidende Schritt vom Puddelverfahren weg, das nichtsdestotrotz materiale Grundlage der ersten Generation deutscher Eisenbahnen war, wurde durch die 1856 patentierte Erfindung Henry Bessemers möglich, der in seiner »Bessemer-Birne« Roheisen mit Luft durchblasen ließ. Alfred Krupp war 1861/62 der erste deutsche Patentnehmer für diesen Prozess. 1876 betrieb er nicht weniger als achtzehn dieser »Bessemer-Konverter«, insgesamt gab es zu dieser Zeit 78 in Deutschland, davon 56 im Ruhrgebiet. Das Eifeler Unternehmen Hoesch basierte nach seinem Umzug nach Dortmund, nun als Aktiengesellschaft, was wegen der hohen Investitionen für den Bessemer-Prozess bald die Regel wurde, ebenfalls auf diesem Verfahren. Um diese Zeit gingen drei Viertel der so erzeugten Stahlmenge in die Herstellung von Eisenbahnschienen. Ab 1869 begann dann auch der Einsatz dieses gegenüber dem Puddelverfahren rationeller zu erzeugenden Materials für die Konstruktion stählerner Fördergerüste im Ruhrbergbau. 1825 produzierte man im westfälischen Teil des Reviers 503.000, im rheinischen Landesteil 277.000 Tonnen Stahl. Ab 1850 – ein halbes Jahrhundert nach Schlesien – war auch im Ruhrgebiet der Kokshochofen für die Erzeugung von Roheisen eingeführt. 1857 gab es zehn im westfälischen und zwanzig im rheinischen Teil des Reviers.

Bauwerke aus dieser Zeit sind nicht erhalten. Bildquellen zeigen die Hochöfen der Zeit zwischen 1850 und 1870 als den Malakow-Türmen nicht unähnliche, massive Mauerwerksgebilde. Hier, wie auch bei der Kohleförderung, stand der Zeitpunkt noch bevor, zu dem die Stahlkonstrukteure die Massivbauten durch schmiedeeiserne Fachwerke ersetzen sollten. Auch die Stahlwerke der zweiten Jahrhunderthälfte sind baulich nicht mehr präsent. In ihnen vollzog sich nach 1870 der Übergang des Bessemer zum Thomas-Verfahren, das den Einsatz besser verfügbarer, phosphorhaltiger Erzsorten erlaubte. Schließlich kam noch der Einsatz des Siemens-Martin-Prozesses. Dazu waren Hallenbauten von wachsender Größe nötig, deren Höhe von der Kapazität der immer wichtiger werdenden Kräne abhing.

Ein weiterer Anlagentypus war nach der Umstellung von Holzkohle auf Koks im Hochofenprozess hinzugekommen: Kokereien entstanden in stets verbesserten Technologiestufen. Im Revier sind sie noch vertreten durch eine Reihe von Anlagen zwischen 1870 und 1960. Die Ruine der Kokerei der Bochumer Zeche Neu-Iserlohn dürfte das älteste erhaltene Zeugnis der Kokereitechnik des Reviers sein (vgl. S. 110). Spektakuläres Industriedenkmal wird die 1958 erbaute, 1993 stillgelegte Kokerei der Essener Zeche Zollverein, 1999 und 2000 bekannt gemacht durch die Ausstellung »Sonne, Mond und Sterne«. Das Schicksal dieser Anlage verweist nahezu paradigmatisch auf den Beschleunigungsprozess, der die Veraltung technischer Anlagen in immer schnelleren Zyklen bewirkt. Daraus ergibt sich für die Denkmalpflege das Problem, in genügender Schnelligkeit für die Erfassung und Bewertung der immer schneller obsolet werdenden Anlagen zu sorgen.

Infrastrukturen

Infrastrukturen im Sinne von Verkehrs- und Versorgungsnetzen sind von Anfang an untrennbare Begleiter des Industrialisierungsprozesses. Produktion von mehr, als es der häusliche Bedarf erfordert, braucht Verkehrsstrukturen, die die Waren sicher und preisgünstig zum Abnehmer gelangen lassen. Wir hatten gesehen, wie zunächst der Wasserweg auf Flüssen und dann Kanälen, sodann die eiserne Straße der Bahn diese Aufgabe für die wachsenden Mengen an Rohstoffen und Fertigprodukten des Industriezeitalters übernahmen. Die Straßen hatten dabei lange Zeit die eher untergeordnete Rolle des Zubringernetzes zu den Schienenverkehr-Anschlussstellen übernommen, bis sie sich nach dem Zweiten Weltkrieg durch lawinenartiges Anwachsen des Personen- und Lastwagenverkehrs zu Hauptverkehrsadern aufschwangen. Ihnen wurde lange Zeit hindurch nahezu alles untergeordnet, von unzerstörten Landschaften bis zu hochqualitativen, allmählich gewachsenen städtischen Strukturen. Seit den Tagen des Ersten Weltkrieges kamen Anlagen des Luftverkehrs wie Empfangsgebäude, Landebahnen und Hangars hinzu. In Nordrhein-Westfalen finden sich zu letzterem Anlagen wie Köln-Butzweilerhof und Mülheim an der Ruhr als frühe Zeugen der Aeronautik.

Eisenbahnverkehr

Die wohl größte Vielfalt an Bauwerken und Anlagen hat uns das Eisenbahn-Zeitalter hinterlassen. Ihre Erhaltung ist sowohl da, wo sich die Bahn als Verkehrsmittel zurückzieht, als auch da, wo sie sich unter angestrengter Modernisierung behaupten will, nicht einfach. Ermutigend ist, dass die Bahn mit ihren historischen Empfangsgebäuden quer durch die Bundesrepublik quadratmetergroße Plakatwerbung betreibt. Entmutigend ist, welche Vielzahl von Bauten und Anlagen »unter den Hammer« kommt, seit die Bahn privatisiert ist.

Dem Reisenden weniger bewusst, verfügt das historische Bahnsystem nämlich über eine Vielzahl strecken- und betriebstechnischer Anlagen, die in ihrer Größenordnung vom kleinen Stellwerkshäuschen bis zu den fabrikgroßen Betriebs- und Ausbesserungswerken reichen. Die Bahn, als regelrechter »Staat im Staate«, hat in eigener Regie und mit hervorragenden Architekten ganze Städte und Stadtteile geprägt. Ausbesserungswerke wie Witten, Jülich oder Krefeld-Oppum sind hochinteressante architektur- und technikhistorische Schauanlagen. Einige von ihnen werden glücklicherweise durch Neunutzungen gesichert (vgl. S. 244).

Auch das Erbe an geschichtlich und ästhetisch wichtigen Empfangsgebäuden Nordrhein-Westfalens ist nicht gerade klein: Vom ältesten auf deutschem Boden erhaltenen Empfangsgebäude in Köln-Müngersdorf aus dem Jahre 1839 (vgl. S. 238) reicht die Kette über exquisite Bauten kurz nach der Jahrhundertwende bis zu den qualitätvollen Anlagen in Düsseldorf, Duisburg oder Oberhausen aus den 1930er Jahren. Über diesen Zeitraum lässt sich gerade an Bahnhöfen gut der jeweilige Entwicklungsstand architektonischer Auffassungen ablesen. Von der »Renaissance-Villa«, die dem deutschen Kaiser in Brühl-Kierberg als Station auf dem Wege in die Eifeler Jagdgründe diente, bis zu den heute zu Stadtteil-Symbolen gewordenen Reform-Architekturen, beispielsweise in Duisburg-Hamborn oder Wuppertal-Vohwinkel, mit denen Kommunen ihre Bedeutung zu spiegeln liebten, reicht die Palette. Dormagen, Worringen (vgl. S. 241) und Osterath sind Beispiele für das selten so rein wie hier verwirklichte »Typenbahnhof-Prinzip«. In Hamm (vgl. S. 243), Hagen oder Vohwinkel sind die Empfangsgebäude Träger künstlerischer Medien wie Skulptur oder Farbglasfenster, die dem Ankommenden in symbolischer Weise sofort verkünden, was das »Thema« der soeben erreichten Stadt ist. Flankieren in Hamm der Berg- und Hüttenmann die zentrale Bahnhofsuhr, so huldigt auf Jan Thorn-Prikkers Glasfenster in der Hagener neobarocken Station »Das Gewerbe dem Künstler«.

Gleichzeitig ist der Bahnhof mit seiner Zwiegestalt von massivem Empfangsgebäude und ingenieurmäßiger Hallenkonstruktion ein leitmotivischer Bautypus des 19. Jahrhunderts, dessen Aufgabe es werden sollte, mit der Dialektik dieses janusköpfigen Nutzungscharakters von Bahnhöfen fertig zu werden. Hier ist die Entscheidung der damaligen Bundesbahn, die Kölner Bahnsteighalle von 1894, mit ihrer Spannweite von 64 Metern damals die größte Halle auf dem Kontinent, nicht abzubrechen, sondern so zu sanieren, dass sie einen Eindruck der über hundertjährigen Prachtgestalt ermöglicht, fast schon als ein früher, wenn auch halbherziger Auftakt der von der Bahn selbst ausgerufenen »Renaissance der Bahnhöfe« zu werten.

Bahnhöfe sind in besonderer Weise in unser aller Leben einwirkende Bauwerke. Sie sind und bleiben Orte der Abreise und der Ankunft, »Visitenkarten« der erstmals besuchten Stadt, aber auch Ort täglicher Benutzung. Es ist nicht zu übersehen, dass die sorgfältig geplanten und solide ausgeführten

Älteste Eisenbahnbrücke der Welt: Causey Arch von 1725 für Pferdebahn

Stationen der Vergangenheit auch für die heutigen Zwecke hervorragend geeignet sind, zumal sie ob ihrer Solidität mit großer Würde altern, ohne – wie das bei Einsatz moderner Materialien und hoher Beanspruchung oft der Fall ist – schnell schäbig zu werden.

Weitere Leistungen mussten Ingenieure und Architekten vollbringen, um eine der Maschinentechnik gemäße Streckenführung zu gewährleisten. Festgelegte Steigungsleistungen und Kurvenradien erzwangen den Einsatz von Brücken und Tunnels, Geländeeinschnitten und Dämmen. Eine der beeindruckendsten Brückenlandschaften Nordrhein-Westfalens ist die Bündelung vielfacher Verkehrswege und ihre Überführung über die Ruhr und weitere Wasserläufe östlich der Autobahn A 3 unmittelbar nördlich des Duisburg-Kaiserberger Autobahnkreuzes: Von der Raffelberger Schleuse an kreuzen in Sichtweite des Autofahrers nicht weniger als fünf Straßen und fünf Schienenverbindungen den Ruhr-Schifffahrtskanal. Weit im Osten hat sich mit dem Viadukt der Köln-Mindener Verbindungsbahn über die Beke von 1852/53 ein Denkmal der Bahn-Frühzeit nach Wiederaufbau kriegszerstörter Teile bewahrt. Am anderen Ende des Landes steht noch ganz unverändert die 1863-65 errichtete Parallelträger-Eisenbrücke über den Altrhein zwischen Griethausen und Spyck in der charakteristischen Ständerfachwerkkonstruktion der Jahrhundertmitte (vgl. S. 234).

Höhepunkt der Ingenieurleistung im Brückenbau ist dann die 1897 fertiggestellte Eisenbahnbrücke über die Wupper bei Müngsten (vgl. S. 235), auch nach ihrer unlängst begangenen 100-Jahr-Feier täglich im Dienst als älteste erhaltene deutsche Fluss-Stahlbrücke. Gustavsburg-Konstrukteur Anton Rieppel entwarf unter Anwendung des dreifach unbestimmten Systems in Flächenlagerung die im Freivorbau errichtete Bogenbrücke von 170 Metern Stützweite und verkürzte damit die Verbindung zwischen den bergischen Städten Remscheid und Solingen, die per Bahn 44, per gerader Verbindung nur 8 Kilometer Abstand voneinander gehabt hatten.

Wasserverkehr

Bei der Lage des Montanreviers und angesichts der von ihm benötigten Massengüter ist es alles andere als verwunderlich, dass dem Wasserverkehr eine entscheidende Rolle zukam. Lange bevor das Duisburg-Ruhrorter Hafensystem zum größten europäischen – nach manchen Aussagen auch weltgrößten – Binnenhafen wurde, verdienten Mülheimer und Ruhrorter Kaufleute mit dem Umschlag der Kohle aus dem Ruhrtal ihr Geld, das sie später zur Finanzierung montanindustrieller Projekte einsetzten (z.B. Haniel).

Die Preußen hatten auf ihrem und benachbartem Territorium längs der Ruhr mit sechzehn Schleusen für die Verbesserung der Transportverhältnisse auf dem Fluss gesorgt. Ab 1825 wuchs unter ihrer Ägide um den Nukleus des ovalförmigen »Werfthafens« (vgl. S. 223) Ruhrort Ring um Ring des differenzierten Beckensystems mit seinen auf einzelne Bestimmungen zugeschnittenen Hafenteilen: 1837/42 der Schleusenhafen, 1860/68 der Nord- und Südhafen, 1872/90 der Kaiserhafen. Im Osten umschlossen seit 1908 die Becken A, B und C die Öl-, Kohlen- und Schrottinsel, »Stahlinsel« hieß das Gebilde zwischen Nord- und Südhafen. Mit diesem Programm benennt man heute natürlich sofort das Problempaket des einst riesigen Hafenorganismus: Die montanindustrie-bedingten Massengüter schwinden aus der Produktpalette der beförderten Güter, die Aussicht auf ähnlich voluminöse Transportmengen zeichnen sich nicht ab. Außer den beiden verbliebenen historischen Werftgebäuden der »Hüttengewerkschaft und Handlung Jacobi, Haniel und Huyssen, Sterkrade« von 1862 bzw. 1871 sind nicht allzu viele

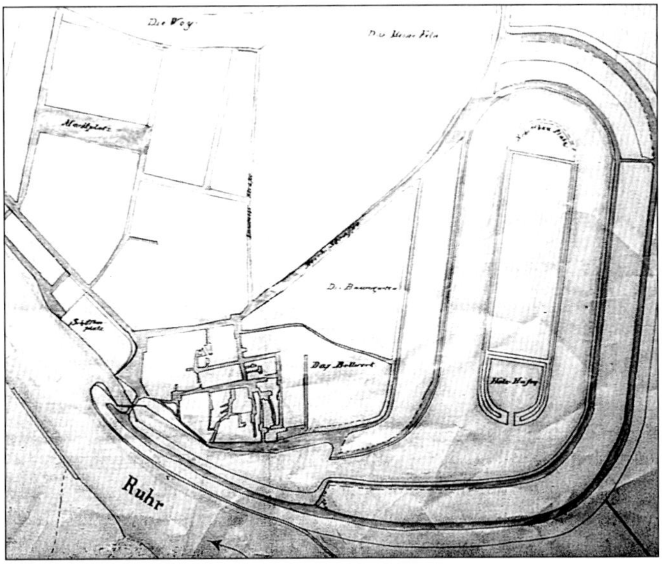

Bollwerk, Baumgarten und Schiffbauplatz: Hafen Ruhrort 1825

denkmalwerte Bauten im Hafengebiet Ruhrorts vorhanden: Der Massengüterumschlag verlangte nicht nach einer Vielzahl von Gebäuden.

Interessanter sind die Relikte historischer Umschlagtechnik: Noch sind zahlreiche Sockel bemerkbar, die eine Vielzahl hydraulisch, später elektrisch betriebener Kräne und »Kohlenkipper« trugen. Heute dünnt sich vor allem die Kranlandschaft fast täglich aus. Erhalten dagegen konnte man einige Kräne des anderen, seit 1905 mit Ruhrort vereinigten Hafenteils, dem der eigentlichen Stadt Duisburg nämlich. Hier, im Innenhafen, haben sich Teile von dem erhalten, was einst der »Brotkorb des Ruhrgebiets« geheißen hatte. Drei mächtige Mühlen und Silokomplexe, zwischen Jahrhundertanfang und -mitte entstanden, säumen den »Innenhafen« genannten, östlichen Hafenteil jenseits der Marientorbrücke. Im Osten der letzten beiden noch beweglichen Brücken des Hafengebietes, der Marientorbrücke aus den 20er Jahren und der 1950 sehr ästhetisch wieder aufgebauten Schwanentorbrücke (vgl. S. 232), verdeutlichen die teilweise neu errichteten Bauvolumen die Grössenordnung der für das Ruhrgebiet nötigen Getreideversorgung. Mühlengebäude und zugehörende Be- und Entladeeinrichtungen, heute ein Büro- und Museumsareal, erinnern an die Hafentechnik des vergangenen Jahrhunderts, ähnlich wie die hochästhetische Hafendrehbrücke und das städtische Lagerhaus (vgl. S. 228, 229) der wenig weiter rheinaufwärts gelegenen Stadt Krefeld, deren Hafen immer von der »Investitionsphantasie« einer Kanalverbindung zur Maas und weiter zur Schelde gelebt hatte. Große Mühe hatte man sich auch bei der Anlage des seit Römerzeiten bedeutenden Rheinhafens in Köln gegeben. Der ähnlich wie der Düsseldorfer kurz vor der vorletzten Jahrhundertwende angelegte Kölner »Rheinauhafen« zeigt durchgehend neoromanische Lagerhausarchitektur mit Werksteinverkleidung. Abgeschlossen wird das Hafenbecken im Süden durch das hoch aufragende, von einem Uhrturm überragte, rathausähnliche Hafenamt. Adam Sesterhenn entwarf hier 1898 in Back- und Werkstein in neoromanischen und Renaissanceformen einen »großen Bruder« zum Dortmunder Hafenverwaltungsgebäude, das Stadtbaurat Kullrich nur ein Jahr später ebenfalls in Neorenaissanceformen errichtete (vgl. S. 227). Der von letzterem Gebäude überragte Dortmunder Hafen liegt nun nicht mehr an einem Fluss, sondern am Ostende des Reviers, am Zielpunkt des künstlichen Wasserweges »Dortmund-Ems-Kanal«. 1892 begann man mit der Anlage dieser 280 Kilometer langen Wasserstraße, die das östliche Revier für Erzeinfuhr und Kohleausfuhr erschloss. Technikgeschichtlich von großem Interesse ist dabei die einmalige Ballung von Vorrichtungen, Schiffe zu heben und zu senken, die in Henrichenburg bei Waltrop von 1899 bis 1989 entstand, um den von Dortmund kommenden Stichkanal an der Abstiegskante zur Rheinebene mit dem weiteren Verlauf des Dortmund-Ems-Kanals und mit dem zunächst als Stichkanal ausgebildeten, späteren Rhein-Herne-Kanal zu verbinden.

Zwei Hebewerke (1899 und 1962) sowie zwei Schleusen (1917 und 1989) bilden eines der eindrucksvollsten »Schleusenmuseen« Europas, nur noch vergleichbar mit der Ballung solcher Bauwerke am belgischen Canal du Centre mit seiner Abfolge von vier Schiffshebewerken und der nahe gelegenen schiefen Ebene von Ronquières und dem brandneuen Monster-Hebewerk von über 70 Metern Hubhöhe. Das wilhelminische Hebewerk in Waltrop von 1899, heute Außenstelle des westfälischen Industriemuseums, dokumentiert dabei mit seinen »Architekturbestandteilen« den Technikstolz der vorletzten Jahrhundertwende (vgl. S. 225).

Die nordrhein-westfälische Kanalgeschichte setzt allerdings bedeutend früher ein: Fast ein Jahrhundert vor dem Dortmund-Ems-Kanal entstanden die ersten Teile des – nie fertiggestellten – »Nordkanals« auf der linken Rheinseite als Versuch Napoleons, Rhein, Maas und Schelde mit einem künstlichen Wasserweg zu verbinden, um die der Kontinentalsperre nur widerwillig folgenden Niederländer vom Rheinhandel auszuschließen. Bei der politisch bedingten Einstellung der Arbeiten waren 30 von 53 Kilometern im Bau. Die Schleuse Louisenburg bei Straelen nahe der holländischen Grenze und zwei Wärterhäuser im Revolutionsstil in Neuss (vgl. S. 222) und Mönchengladbach zeigen Kanalarchitektur vor der Industrialisierung. Das Motiv einer Rhein-Maas-Antwerpen-Verbindung tauchte immer wieder einmal auf, ist aber bis heute nicht verwirklicht worden.

Realisiert dagegen wurden in den Zeiten der Hochindustrialisierung, wie ein Blick auf eine deutsche Wasserstraßenkarte zeigt, vor allem für das Ruhrgebiet eine ganze Anzahl von Kanälen: Auf nördlicher und südlicher Route umgreifen Wesel-Datteln-Kanal von 1929 und Rhein-Herne-Kanal das nördliche Ruhrgebiet. Ersterer verbindet am Nordrand des Reviers den Dortmund-Ems-Kanal mit dem Rhein bei Wesel. Signifikant in der Landschaft stehen die sechs von Lyonel Wehner entworfenen, von der Gutehoffnungshütte ausgeführten Hubschleusen (vgl. S. 231). Weiter südlich führt der Rhein-Herne-Kanal vom Schiffshebewerk bei Henrichenburg zum Duisburger Hafen. Die 38 Kilometer lange künstliche Wasserstraße hat sieben Schleusen und verbindet auf ihrem Lauf 25 der Industrie dienende Häfen. Da, wo Kanäle natürliche Wasserläufe zu kreuzen hatten, entstanden imponierende Aquädukte wie die Olfener Kanalbrücken über Lippe (vgl. S. 226) und Stever im Zuge des Dortmund-Ems-Kanals oder das »Wasserstraßenkreuz« Minden im Zuge des Mittellandkanals, der als Deutschlands längster Kanal den Dortmund-Ems-Kanal nahe Rheine mit der Elbe bei Magdeburg verbindet. Die Mindener Kanalüberquerung wurde als größtes Binnenschifffahrts-Brückenbauwerk mit acht Stahlbetonbrücken 1911 bis 1914 geschaffen.

Wasserverbände

In anderer Weise mit Wasserläufen zu tun hat eine Körperschaft, die zur Aufhebung technikbedingter Missstände im nördlichen Ruhrgebiet 1905 gegründet wurde: Die Emschergenossenschaft hatte zur Aufgabe, sich der Probleme anzunehmen, die der 110 Kilometer lange, aber sehr gefällearme Lauf der Emscher durch Einwirkung von Menschenhand aufgeworfen hatte. Einleitung von Industrie und Hausabwässern hatten zur Verschlammung, Bergbautätigkeit zur Bettabsenkung des Flusses in einem solchen Maße geführt, dass Teile des Nordreviers streckenweise zu fauligen Abwassersümpfen degenerierten. Auf Gesetzesbasis sollte nun die Entwässerungsfrage der Betroffenen, die als Zwangsmitglieder an einen Tisch mussten, geregelt werden. Unter Leitung des Baurates Middeldorf verlegte man die Emschermündung in den Rhein, begradigte ihren Lauf und errichtete Pumpwerke, die die auf zu niedrigem Niveau zufließenden Abwassermassen der »Kloake des Ruhrgebietes«, wie die Emscher genannt wurde, zwecks Abfluss in den Rhein heben sollten. Erstes und großartigstes der Bauwerke, die zu diesem Zwecke entstanden, ist das 1914 fertiggestellte, kreisförmige Pumpwerk »Alte Emscher A« des renommierten Architekten Alfred Fischer, von dem gerne gesagt wird, es habe fast die gleichen Abmessungen wie ein anderes ebenfalls kreisförmiges Bauwerk: das Pantheon in Rom (vgl. S. 204). In der Folge entstanden weitere, architektonisch bedeutende Pump- und Klärwerke in der Regie der Emschergenossenschaft, die zum Vorbild zentralisierter Problemlösung wurde in Situationen, wo – wie im Ruhrgebiet nicht selten – Einzelinteressen im Streit miteinander eine für alle nützliche Lösung verhinderten.

Hebt die Emscher in den Rhein: Alfred Fischers Pumpwerk »A« von 1914

Ganz ähnlich wurde auch das sozusagen »gegenteilige« Problem angegangen: Neben der Abwasserent- musste auch die Trinkwasserversorgung des Ruhrgebietes übergreifend organisiert werden. Der 1913 ebenfalls per Gesetz gegründete »Ruhrtalsperrenverein« sollte den Übelstand beseitigen, dass der Ruhr viel zu viel Wasser durch die 1911 nicht weniger als 89 Wasserwerks-Pumpwerke entnommen wurde, das meist nicht einmal in der Form von Abwässern an diesen Fluss zurückgelangte – es ging über die Wasserscheide in die Emscher. Bis heute wurden in der Regie dieser Körperschaft vierzehn Talsperren gebaut, die mit ihren 471 Mio. Kubikmetern Stauraum der Ruhr genügend Wasser zuführen, um die vielen Millionen Revierbewohner mit Trinkwasser zu versorgen. Mit Zuschüssen des Ruhrtalsperrenvereins wurde beispielsweise die 1904 vollendete Ennepe-Talsperre mit 10 Mio. Kubikmetern Inhalt erbaut (vgl. S. 200). Hier wie in vielen anderen Fällen in mehreren Gebieten Nordrhein-Westfalens war es der Aachener Ordinarius für Wasserbau, Otto Intze, der »Vater des deutschen Talsperrenbaues«, der Planung und Vorarbeit geleistet hatte. Das Land Nordrhein-Westfalen verfügt über eine ganze Familie von Intze-Talsperren, die als Bogen-Gewichtsstaumauern der Trinkwasserversorgung (erste westdeutsche Trinkwassertalsperre Eschbach-Talsperre bei Remscheid 1891), der Stromerzeugung (Urft-Talsperre mit 45 Mio. Kubikmetern Inhalt mit Kraftwerk Heimbach [vgl. S. 205,206], 1904) und vor allem der Ersetzung durch Abpumpen entzogenen Flußwassers dienen. Intze entwickelte auch das Prinzip, im Oberlauf zu regulierender Flüsse deren Nebenflüsse aufzustauen, das im Ruhr- wie im Wuppergebiet angewandt wurde.

Elektrizität

Stromerzeugung war ab der vorletzten Jahrhundertwende ein stets wichtiger werdendes Element der Versorgungsstruktur. In Nordrhein-Westfalen erlaubte die Geographie hierzu zwei Methoden: Die Mittelgebirgslandschaften südöstlich des Ruhrgebietes wie auch die Eifel boten eine gewisse Wasserkraftkapazität zur Stromerzeugung, die in der Folge auch genutzt wurde, ebenso wie mit der Energie von Wupper und Ruhr Laufwasser-Kraftwerke betrieben werden konnten. Die andere, aufgrund des Bedarfs auch höchst notwendige Möglichkeit boten die Stein- und Braunkohlevorkommen des Landes, die von thermischen Kraftwerken aus Industrie und Haushalt mit der anfangs in Konkurrenz zu Gas durchaus zögernd aufgenommenen Energieform belieferten. Nach der Etablierung der dynamoelektrischen Wirkungsweise durch Werner Siemens 1867 und der Bereitstellung der Glühlampe ab 1879 entwickelte sich zunächst auf Gleichstrom-, später auf Wechselstrom- bzw. Drehstrombasis analog zu anderen Teilen Deutschlands auch in Nordrhein-Westfalen ein von inselartigem

Blockbetrieb zum Zentralen- und Überlandzentralenbetrieb fortschreitender Versorgungsmodus.

Elberfeld hatte 1887, Barmen 1888 und Düsseldorf 1891 seine ersten Gleichstromzentralen. Köln, wegen seiner größeren Ausdehnung und der besser zu transportierenden (da transformierbaren) Spannung, begann 1891 unmittelbar mit einphasigem Wechselstrom. Bald übernahmen Dampfturbinen die nun dreiphasige Wechselstromproduktion, die wegen des Kapazitätswachstums mehr und mehr in die Nähe der Kohlefelder rücken musste. Auf der linken Rheinseite teilte sich Anfang des 20. Jahrhunderts die Kohlekraft (Rheinische Elektrizitäts und Kleinbahnen AG) und die Wasserkraft (Wasserkraftzentrale Heimbach der in Aachen ansässigen Rurtalsperrengesellschaft) die Versorgung. Das nahe Kölns und der Braunkohle gelegene Kraftwerk Fortuna, später um Fortuna II erweitert, startete als Braunkohlegruben-Unternehmen. Seit 1900 beginnen dann Planungen für ein Kraftwerk »auf der Kohle«. 1912 kommt ein Vertrag zwischen der »Rheinischen Aktiengesellschaft für Braunkohlenbergbau und Brikettfabrikation« und der Stadt Köln über die für dreissig Jahre vereinbarte Belieferung des Stadtgebietes mit Elektrizität zustande. Dafür baut die Berliner AEG als Generalunternehmer von 1910 bis 1912 ein Kraftwerk mit zehn Kesselanlagen von Babcock und Steinmüller in Gummersbach für zwei Turbosätze von je 4.000 Kilowatt Leistung.

Bereits dieses frühe Werk ist nach den Grundvorschlägen Georg Klingenbergs von Werner Issel gebaut: Ein Duo, das in Deutschland noch viele Kraftwerke realisieren sollte. Von Anfang an tritt das später nahezu allmächtige RWE, das 1900 in Essen gegründete »Rheinisch Westfälische Elektrizitätswerk« als Konkurrent auch im Braunkohlerevier auf. Es errichtet 1914 die sogenannte »Vorgebirgszentrale«, aus der das spätere »Goldenbergwerk« (nach dem RWE-Ingenieur Bernhard Goldenberg) bei Hürth entstehen soll. Von Architekt Alfred Fischer gestaltet, nimmt es 1914 seinen 15-Megawatt-Betrieb auf.

Auf der Steinkohle hingegen entstehen südöstlich des Ruhrreviers vier »Überlandzentralen« in der Regie des 1907 gegründeten Elektrizitätswerkes »Mark« in Hagen, das 1924 145 Mio. Kilowattstunden liefert. Ab 1900 wird das RWE unter Hugo Stinnes eine umfassende, gemischtwirtschaftliche Unternehmung, das um 1925 ein Versorgungsgebiet von der Ahr im Süden bis zur holländischen Grenze im Norden unterhält und 1924 mit dem Goldenbergwerk und seiner Leistung von 290 Megawatt das größte Kohlekraftwerk Europas betreibt. Von dem Dutzend Schornsteine, 1930 noch 125 Meter hoch und die »Zwölf Apostel« genannt, stehen gegenwärtig noch vier mit reduzierter Höhe. Der im Ruhrgebiet mit Industriebauten stark vertretene Alfred Fischer zeichnete auch für den Entwurf des Goldenbergwerks verantwortlich. 1920-22 entsteht die Erweiterungsstufe des Kraftwerkes Fortuna, Fortuna II, nach Planungen von Albert Schneider von dem Berli-

Denkmal Großkraftwerk: Seit 1952 auf der Kohle: Frimmersdorf II

ner Siemens-Architekten Hans Hertlein ausgeführt. Leider wurden ab 1988 beide Fortuna-Werke abgerissen, ebenso das ab 1953/57 gebaute Kraftwerk Fortuna III.

Als verbliebenes Großkraftwerk aus der Zwischenkriegszeit besteht noch das 1925 in Angriff genommene Werk Frimmersdorf I, nach Plänen des berühmten Georg Klingenberg, dem 1955 Frimmersdorf II hinzugefügt wird. Von Frimmersdorf I sind als denkmalwürdiger Bestand erhalten die beiden Schalthäuser und der Leitstand samt Torbogen-Verbindungsbauwerk (vgl. S. 213). Der Denkmalwert der weiteren RWE-Anlagen in Frimmersdorf und Hürth wird zurzeit geprüft.

Denkmalwert und erhalten sind auch die Gebäude zahlreicher, wesentlich kleinerer thermischer Kraftwerke, die von den Städten in eigener Regie errichtet wurden, wie z.B. das 1905 mit prunkvollem Giebel errichtete Vierseener E-Werk, dessen Stukkaturen ganze Bildgeschichten der Elektrizität erzählen (vgl. S. 212). Erhalten und in Betrieb sind auch eine Vielzahl von Wasserkraftwerken an Ruhr-, Lenne (vgl. S. 209), Lister, Agger oder Sieg, die – zum Teil beeinflusst von der Heimatschutzbewegung – gemäßigt moderne Bauformen aufweisen, was auch für die einst in hundertfacher Zahl errichteten Transformatorentürme zur Fernverteilung über das neue Netzwerk der Elektrizität zutrifft. Umspannwerke werden zum Mittler zwischen Hochspannungserzeugung und kleinteiliger Unterverteilung.

Öffentlicher Nah- und Straßenverkehr

Als Abnehmer von Elektrizität treten auch vom Beginn der Stromerzeugung an die Straßenbahnsysteme auf, die im Gegensatz zu heute nicht nur städtischen, sondern auch vielfältigen Überlandcharakter besaßen und Personen- wie Gütertransport besorgten. Als Pferdebahnen eingerichtet (z.B. Düsseldorf 1876, wie vielerorts zunächst in belgischer Regie), begannen sie um die Jahrhundertwende mit dem elektrischen Betrieb (Düsseldorf 1896, erste deutsche elektrische Straßenbahn 1881 Berlin). Neben den Gleisanlagen brachte der Straßenbahnbetrieb auch die Notwendigkeit, Depots und Betriebswerkstätten einzurichten, die einerseits als Zweckgebäude, andererseits aber auch als Werbeträger für das Verkehrsmittel fungierten. Besonders der Jugendstil wurde zur Gestaltung der dem öffentlichen Straßenbild zugewandten Einfahrtsseiten herangezogen. Bonn besitzt ein solches denkmalgeschütztes und nach ungenehmigtem Teilabbruch 1973 wieder aufgebautes Depot schräg gegenüber dem alten Innenministerium. In Düsseldorf fiel das schönste der städtischen Depots in Grafenberg ebenfalls noch in den 1970er Jahren dem Abbruch zum Opfer. Danach verfuhr man mit diesem Bautypus etwas vorsichtiger. Heute dienen viele dieser Anlagen öffentlichen Zwecken wie in Dortmund, Mülheim oder Düsseldorf, das aus der Zeit vor und nach dem Ersten Weltkrieg besonders ästhetische Exemplare besitzt (vgl. S. 247). In Köln entsteht im Depot Thielenbruch soeben ein Straßenbahnmuseum. Von überraschender Qualität sind oft die Hallenkonstruktionen, die zunächst in Eisen, dann häufig in Stahlbeton höchst elegante Entwürfe darstellen.

Eine einzigartig gebliebene Nahverkehrstechnik entwickeln die Städte Barmen, Elberfeld und Vohwinkel: Unter dem Zwang der knappen Raumökonomie im engen Flusstal der Wupper verlegte man den Schienenverkehrsstrang »in die Luft«, größtenteils über den Fluss. Insgesamt 469 Fachwerk-Trägerbrücken-Elemente, an denen die »Einschienenhängebahn« befestigt ist, werden von schrägbeinigen Stahlfachwerk-Pendelstützen getragen. Die zum Teil in jugendstilbeeinflußter Gestaltung ausgeführten Stationen sind in dieses Tragsystem eingehängt. Größte Station ist dabei der Wendebahnhof Rittershausen (vgl. S. 249). Leider nutzte man die für notwendig gehaltene komplette Neukonstruktion des Verkehrssystems nicht dazu, durch Heranziehung international ausgewiesener Stahlbau-Architekten dem welteinmaligen

Calatravas Ergänzung an der Oberbaumbrücke von 1896

Charakter der Schwebebahn auch im zweiten Jahrhundert ihres Bestehens Rechnung zu tragen. Betrachtet man beispielsweise die von Santiago Calatrava um eine elegante Stahlbrücke ergänzte, neoromanische Oberbaumbrücke in Berlin, begreift man, welche Chance hier unbeachtet blieb.

Der Individualverkehr war in Deutschland eine sich erst spät, dafür dann umso durchschlagender im Bild der Städte und Landschaften durchsetzende Erscheinung. Als zunächst deutsche Erfindung (Benz, Daimler, Maybach) von der Motorenseite her, verbreitete sich das durch Michelin um das Element der Luftbereifung verbesserte »Auto-Mobil« bereits soweit, dass Europa um 1900 immerhin 1900 Auto-»Fabriken« aufwies. Dann übernahm Amerika im ersten Jahrzehnt des 20. Jahrhunderts, vor allem durch die bahnbrechenden Verbesserungen der Produktionstechnik Henry Fords, die Führung. In Deutschland sahen vor allem die 20er Jahre die Gründung zahlreicher, aber nicht überlebensfähiger Auto-Fabriken, deren Gebäude seit langem anders genutzt, vielfach überlebt haben (z.B. Verwaltungs- und Produktionsgebäude der »Deutschen Lastautomobil-Fabrik AG« in Ratingen bei Düsseldorf [vgl. S. 129], 1913). Bis 1927 baute die Bielefelder Maschinenfabrik Dürkopp Motoren und Fahrgestell für Personenwagen (vgl. S. 128).

Im Straßenbild weisen in den 20er Jahren Zapfsäulen und Tankanlagen auf den langsamen Anstieg auch der deutschen Motorisierung hin. Im kleinen Eifelort Weilerswist-Großvernich hat sich eine Bürgersteigpumpe, von denen es damals immerhin 26.000 Exemplare gab, aus dem Jahr 1928 erhalten (vgl. S. 251). Die Mineralölgesellschaft »OLEX« hatte 1922/23 mit dem Bau kioskartiger Tankstellen begonnen, die noch im Handbetrieb funktionierten. Der Benzin-»Ausschank« wurde in der Regel noch im Nebenerwerb von Gastwirten oder Drogisten betrieben. Tankstellen mit Kassenraum und Zapfsäuleninsel mit Vordach kamen nach amerikanischem Vorbild während der 30er Jahre in Gebrauch. Die 50er Jahre brachten dann Typentankstellen, die markenbezogen standardisiert waren. Dies hinderte jedoch nicht, dass man an herausgehobenen Standorten individuelle Entwürfe realisierte. Eines der die Grundhaltung der »Aufschwung«-Jahre vollendet charakterisierenden Beispiele ist die Köln-Deutzer Tankstelle des Architekten Baumann von 1959 (vgl. S. 252). Wieweit die Zukunftsvisionen dieser Zeit Realitäten vorauseilten, zeigt die Tatsache, dass auf dem Dach der von Paul Schneider-Esleben als einem der ersten und noch heute ästhetischsten Nachkriegs-Hochgaragenbauten 1950 an der Düsseldorfer Grafenberger Allee ausgeführten Bauwerk (vgl. S. 253) ein Hubschrauber-Landeplatz geplant war – bei einer Straßenbahnentfernung zum Zentrum von etwa zehn Minuten vielleicht etwas übertrieben.

Die dem Autoverkehr dienenden Bauten der Folgezeit der 60er und 70er Jahre griffen weit brutaler ins Gefüge von Stadt und Land ein. Nicht jede Hochstraßenkonstruktion sollte so feingliedrig-elegant sein und bleiben, wie die 1961/62 von Tamms, Grassl und Leonhardt vollendete Hochstraße über den Düsseldorfer Jan-Wellem-Platz, die seit 1993 unter Denkmalschutz steht. Nordrhein-Westfalen, insbesondere das Ruhrgebiet, sollte in den 70er und 80er Jahren zu dem wohl am dichtesten mit Autobahnen durchzogenen Teil der Bundesrepublik werden. Schon 1971 waren es mehr als 900 Autobahnkilometer.

Allgemeine Produktion

Es ist nahezu unmöglich, die extrem breite Palette all der Produkte, Produktionsprozesse und Produktionsbauten zu beschreiben, die für Nordrhein-Westfalen im Laufe der Geschichte relevant geworden sind, ohne ein vieltausendseitiges Kompendium verfassen zu müssen. Hinzu kommt, dass die bislang aufgearbeitete Geschichte einzelner Produktionszweige verständlicherweise anders gefasste geographische Einheiten zugrunde gelegt hat, als es das relativ junge Bundesland Nordrhein-Westfalen sein konnte. So behandelt beispielsweise eine 1983 erschienene Geschichte der chemischen Industrie lediglich die Rheinlande mit den Regierungsbezirken Koblenz, Trier, Köln, Düsseldorf und Aachen, also die alte preußische Rheinprovinz. Für andere Branchen ist die Situation nicht anders, auch die allgemeine landesgeschichtliche Historie bezieht sich wenig auf die Nachkriegsgrenzen unseres Bundeslandes, wie Wilhelm Janssens »Kleine Rheinische Geschichte« von 1997 zeigt, oder Wilhelm Kohls »Westfälische Geschichte« von 1980. Daher kann allenfalls in Umrissen eine kleine Zahl wichtigerer Produktionssparten erwähnt werden, die für die wirtschaftliche Entwicklung des späteren Nordrhein-Westfalen von größerer Bedeutung waren und genügend Spuren in Stadt und Land hinterließen, um einen Gebäude- und Anlagenbestand hervorzubringen, dessen repräsentative Vertreter heute als Denkmale des jeweiligen Produktionszweiges gelten können.

Ein solcher Sektor ist z.B. der der Nutzbarmachung der Steine und Erden, die zu unterschiedlicher Verwendung von Baustoffen geführt hat und eine Rolle als Zulieferer für die Montanindustrie besaß. Mitten durchs Ruhrgebiet verläuft die Trennlinie für den Einsatz von Backsteinen, wie er westlich, und der Holzfachwerk- und Natursteinbauweise, wie er eher östlich dieser Linie gebräuchlich war. Regelrechter Ballungsraum der Backsteinproduktion, vor allem nach der Rationalisierung durch den Hoffmann-Lichtschen-Ringofen ab 1851 war ein Streifen Niederrhein-Landschaft parallel zur niederländischen Grenze mit einer beträchtlichen Konzentration von Ringofen-Ziegeleien. 1908 führt die Rheinprovinz mit 1.188 Betrieben die deutsche Statistik an, Westfalen weist 781 Betriebe auf, Schlesien folgt mit 1.010, Brandenburg mit 103 Firmen: von den über 10.000 Betrieben des Deutschen Reiches standen also fast 2.000 im späteren Nordrhein-Westfalen. Hinzu kommt hier auch der Bezug der Ziegeleiproduktion zum Bergbau: Mit der Nordwande-

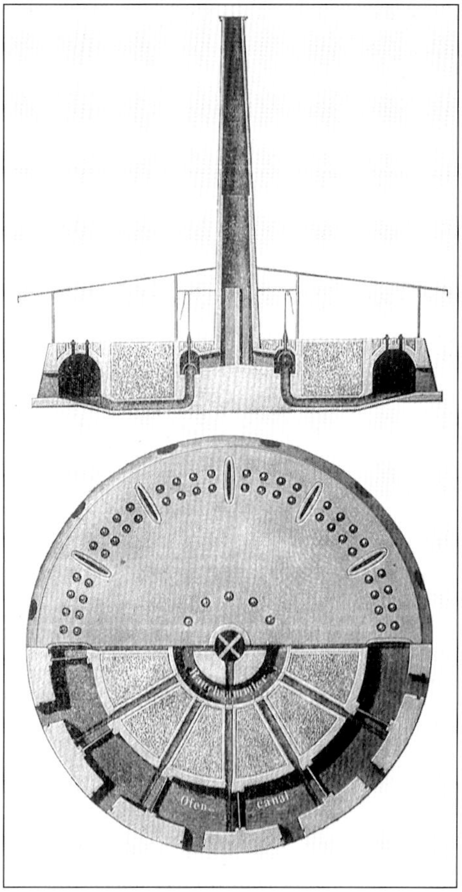

Ermöglicht Dauerbetrieb: Backsteine aus Hoffmanns Ringofen seit 1851

rung des Steinkohlenabbaues und den tiefer liegenden Kohlenflözen stieß man beim Schachtabteufen immer häufiger auf ergiebige Tonschieferschichten, die die Zechen mehr und mehr zur Herstellung gebrannter Ziegel nutzen. Ab 1870 vor allem betrieben viele Schachtanlagen eigene Ringofen-Ziegeleien. Der in Bruchstein errichtete Ringofen der Wittener Zeche Nachtigall von 1897 ist ein gutes Beispiel dafür. Weiter westlich steht der Viersen-Süchtelner-Ringofen von 1908 als einer der wenigen für die ursprüngliche Vielzahl dieser Anlagen längs der niederrheinischen Grenze (vgl. S. 123). Die Öfen in Nordrhein-Westfalen sind samt und sonders lang gestreckte Weiterentwicklungen des ursprünglich kreisförmigen Hoffmann-Ofens, für den es nur im westfälischen Steinfurth noch ein Beispiel gibt. Ringöfen wurden im übrigen auch zur Produktion von gebranntem Kalk benutzt.

Kalk war als Mörtelbestandteil wie der Backstein notwendiges Ingrediens der Bautätigkeit. Zahlreiche Kalköfen entstanden, wo immer das Vorkommen dieses Rohmaterials es zuließ. Von der Eifel bis in die Gegend von Rheine sind Beispiele aus der Ära vor der fabrikmäßigen Produktion erhalten, einige Öfen, wie um Aachen oder Wuppertal und im Märkischen Kreis, sind restauriert. Kalk war auch notwendiger Zuschlagstoff für die Eisen und Stahlerzeugung. Vor allem dieser Branche dienen die umfangreichen Tagebaue in Wülfrath östlich Düsseldorfs. Die Rheinischen Kalksteinwerke beuten hier den von Dornap ostwärts bis zum sauerländischen Hönnetal verlaufenden Massenkalkzug aus.

Der vor allem für das 20. Jahrhundert dominant werdende Baustoff Zement hat in Nordrhein-Westfalen zahlreiche Produktionsstätten. Stadt und Kreis Beckum liegen auf der größten Zementmulde Europas, zwanzig Prozent des deutschen Bedarfes werden von hier gedeckt, wie hier seit dem 15. Jahrhundert bereits eine Konzentration von Kalkbrennereien zu finden war. Eine montanindustriell abhängige Variante ist der sogenannte »Hochofenzement«, der mittels hochprozentiger Zugabe von Hüttensand, einem aus Schlacke gewonnenen Stoff, entsteht.

Eine der ältesten Zementproduktionsstätten Deutschlands ist die »Bonner Zementfabrik« auf dem rechten Rheinufer. Hermann Bleibtreu, Sohn eines Bonner Bergmeisters und Alaunhüttenbesitzers hatte sie 1858, aufgrund eines von ihm unabhängig von Großbritannien entwickelten Patents für Portland-Zement begründet. Markantester Bau neben dem Intze-Wasserturm von 1897 ist noch heute die mächtige, sehr »preußisch« wirkende Rohmühle mit Rundbogen-Fensterfronten und Ecktürmchen an Nord- und Südende (vgl. S. 122). Wie beim Hochofenbau ging auch in der Zementherstellung die Massivbauweise der späteren stählernen Ingenieurkonstruktion voraus.

Chemie

Chemische Prozesse sind untrennbarer Bestandteil von Kohle und Eisen-Technologie, die man jedoch lange Zeit hindurch schlicht empirisch zu beherrschen trachtete, ohne in der Lage zu sein, systematisch steuernd auf der Basis wissenschaftlicher Analyse einzugreifen. Stoff umwandelnde und veredelnde Verfahren hatten seit jeher eine Rolle gespielt, beispielsweise beim Bleichen oder Gerben, ohne dass man viel mehr hätte sagen können, als dass bestimmte Stoffe bestimmte Wirkungen erzielten. Das wurde am Beginn des 19. Jahrhunderts anders. Aufgrund von Oxydations- und Atomtheorie Lavoisiers und Deltons drang man in die quantitative und qualitative Natur der Substanzen ein. Die Farbenherstellung war dabei ein früher Sektor, wo die systematischen Erkenntnisse umgesetzt wurden in fabrikationstechnische Verfahren. Hierbei bildete das Rheinland einen Schwerpunkt von Mineral- und organischer Farbproduktion, wobei für letztere im Verlauf des 19. Jahrhunderts Teerderivate an die Stelle tierischer und pflanzlicher Rohstoffe traten. Für Köln spielte das Braunkohlevorkommen in der Nähe der Stadt eine Rolle bei der Fabrikation des »Kölner Brauns«. Die Kupfer- und Bleiförderung der Eifel mit metallhaltigen Grubenwässern ermöglichte die Produktion von »Berggrün« und »Bergblau«. Die Ortslage »Kunstfeld« bei Köln mit erhaltenen Arbeiter- und Unternehmerhäusern ist mit der Berliner-Blau-Produktion aus Eisenvitriolen seit 1820 entstanden. Die blühende nordrhein-westfälische Textilindustrie mit ihrer breiten Rohstoff- und Produktpalette war ein stimulierender Faktor für die Farberzeugung. Um 1830 maschinisierte sich der Betrieb, der Einsatz von Dampfkesseln für die Koch- und Destillationsvorgänge stieg. Die Firma Leverkus, die mit der Ultramarin-Produktion in den Rheinlanden begonnen hatte, wies 1862 75 PS installierte Dampfkraft auf. Seit 1861 war sie, in Wermelskirchen begründet, an den Rhein nach Wiesdorf übersiedelt und hatte den bis heute mit Großchemie verbundenen Standort Leverkusen begründet. Die Firma Bayer, die

Der Rest der Großchemie: Düngerhalle von 1894 in Köln-Kalk

diesem Standort zur Weltgeltung verhalf, war 1863 in Wuppertal mit dem Zweck der Produktion von Anilinblau und Fuchsin begründet worden. Seit den Tagen Justus von Liebigs hatte eine sich verwissenschaftlichende Forschung die Grundlage für die Produktion von synthetischen Farben entwickelt. Mauvein war 1856 der erste solche Farbstoff. Die in diesem Bereich begründete System- und Gemeinschaftsforschung bereitete der Leitindustrie der »Zweiten Industriellen Revolution« um 1900 den Weg mit den gewaltigen Fortschritten bei der chemischen und elektrischen Industrie. Gleichzeitig verstärkte sie den Trend dieser Branchen zur Großunternehmung, wie sie in Nordrhein-Westfalen die Bayer-Standorte Dormagen, Leverkusen, Krefeld-Uerdingen sowie Wuppertal demonstrieren, für die der verkehrsgünstige Standort am Rhein ausschlaggebend war (mit Wuppertal als Forschungsschwerpunkt und Stammsitz). Auf der Kohlebasis vollzogen sich, vor allem im 20. Jahrhundert, zahlreiche Entwicklungen in Richtung auf Veredelung im Sinne mechanischer, thermischer und mikrobiologischer Verfahren. Die Kriege des letzten Jahrhunderts haben eine bedeutende Rolle bei der schubweisen Förderung chemischer Industrien gespielt: Stichworte wie Kohlehydrierung oder kriegsbedingte Ersatzindustrien gehören in diesen Zusammenhang. Bauten wie das Gelsenkirchener Hydrierwerk zur Gewinnung von Benzin aus Steinkohle von 1936 standen für die kriegsvorbereitende Autarkiepolitik des Dritten Reiches.

Die zu Stadtteilgröße angewachsene »Chemische Fabrik Kalk«, heute nahezu gänzlich aus dem Kölner Ortsgefüge verschwunden (Wasserturm und sogenannte »Düngerhalle« sind übrig) repräsentiert mit ihrer 1858 beginnenden Werksgeschichte den Sektor der Düngemittelproduktion, die hier 1993 zu Ende ging.

An dieser Stelle soll der allgemeine Überblick über die Entwicklung der Wirtschafts- und Technikgeschichte Nordrhein-Westfalens sein Genüge finden, da es – wie eingangs gesagt – ganz unmöglich ist, der übergroßen Vielfalt des historischen Geschehens gerecht zu werden. Statt einer nicht endenden Aufzählung der einzelnen Zweige von Abwasserbeseitigung bis Zuckerfabrik sollen die nun folgenden konkreten Beispiele in ihrer Vielfalt über die faszinierende Vergangenheit eines der gewerbe- und industriereichsten Teile Deutschlands Auskunft geben. Eine wie immer geartete Ausgewogenheit ist dabei nicht zu erzielen. Nicht jede Region, gar jeder Ort, nicht jede Branche kann Erwähnung finden, wir hoffen aber, dass die Auswahl ein weitergehendes Interesse hervorruft, das am Beginn des neuen Jahrhunderts dank der seit dreißig Jahren in Nordrhein-Westfalen planmäßig betriebenen Industriedenkmalpflege wesentlich leichter befriedigt werden kann als jemals zuvor. Lücken bleiben zu schließen, Verluste sind zu beklagen: Vom Paderborner Ringschuppen über die neobarocke Zeche Jacobi in Oberhausen bis hin zu der berühmten Kruppschen Hauptverwaltung von 1912 in Essen hätte es viele Verluste nicht geben dürfen. Dem steht aber die Bilanz des Erreichten gegenüber: Die vielen engagiert und kompetent erhaltenen Beispiele aus zweihundert Jahren Wirtschafts-, Industrie- und Sozialgeschichte dieses von der industriellen Entwicklung eminent geprägten Landes.

TYPEN DER TECHNIK

PRODUKTIONSBAUTEN

Balve-Wocklum, Holzkohlehochofen der Luisenhütte

Als stellvertretend für die vorindustrielle Eisenerzeugung kann der 1834 auf altem Hüttenplatz wieder errichtete Holzkohlehochofen der Luisenhütte gelten. Wie an vielen anderen Erzplätzen auch, kam mit dem Dampfbetrieb ein Moment größerer Leistungsfähigkeit ins Spiel. In Wocklum sorgten Wasser- und Dampfkraft gemeinsam für den »Hüttenwind«. Letzterer wurde seit 1854 durch einen auf der Hochofen-Gicht stehenden Dampfkessel erzeugt, der mit Hochofen-Gas beheizt wurde. Damit wird die Luisenhütte, deren Maschinenbestand weitgehend erhalten ist, als einziger vollständig erhaltener Hochofen in Nordrhein-Westfalen zum Mittler zwischen Vor- und Frühindustrialisierung.

Engelskirchen-Bickenbach, Raffinierhammer, Oelcheshammer

Ebenso für viele Anlagen gleicher Art in den wasserreichen Mittelgebirgen Nordrhein-Westfalens typisch ist der bis 1947 in Betrieb gehaltene Oelcheshammer. Heute ist er allerdings einer der beiden letzten erhaltenen Hammerwerke im Oberbergischen. Er steht für die vorindustrielle Methode der Eisenveredelung mittels thermischer und mechanischer Verfahren zu dem, was später Stahl heißen würde. Hammerwerke hatten auch die Aufgabe der Formgebung und bildeten dazu vielfältige spezifische Techniken des wassergetriebenen Hammerbetriebes aus.

Monschau, Wohn-, Kontor- und Betriebsgebäude »Rotes Haus«

Das »Rote Haus« in Monschau, 1756 für Johann Bernhard Scheibler errichtet, ist mit seinen hoch aufragenden Giebeln und sieben Geschossen ein adäquates Denkmal des vorindustriellen »Verlegersystems« in der Textilproduktion. Dass hier durchaus Beschäftigtenzahlen des Industriezeitalters vorlagen, belegen die 4.000 Heimarbeiter Scheiblers um die Mitte des 18. Jahrhunderts. Zwar spielte Maschineneinsatz noch keine Rolle, aber die Prozesse waren schon arbeitsteilig zerlegt. Im Roten Haus wurde Wolle gewaschen und gefärbt, die Einrichtungen sind noch zu sehen.

Siegen-Eiserfeld, Reinhold Forster-Erbstollen

Die früheste Art des beginnenden Industriezeitalters, sich nach »Untertage« zu begeben, war die Anlage von Stollen. Stollen dienten als Verkehrswege für Menschen, Fördergut, aber auch Wasser, das »gelöst«, d.h. aus den Grubenbauen abgeführt werden musste. Ab 1805 entstand der etwa 2 Kilometer lange Stollen für den Siegerländer Eisensteinabbau in Eiserfeld. 1879 hob man den Ort mit der aufwendigen »Mundloch-Architektur« eines Säulenportals mit Tonnendach hervor. Neben dem Namen und dem Datum des Beginns des Stollenbaues zitieren »Schlägel und Eisen« in gekreuzter Form und die Aufschrift »Glück Auf« die geläufigen Symbole des Bergbaues. Der Stollen ist zu besichtigen.

Eschweiler-Pumpe, Dampfmaschinenhaus der Zeche Centrum

Als ältestes erhaltenes, mit dem Dampfmaschinenbetrieb im Bergbau verknüpftes Bauwerk Deutschlands steht der hoch aufragende Backsteinbau des Maschinenhauses in einer Gruppe früher Bergbauarchitekturen des »Eschweiler Kohlbergs«. Auf den ersten Blick verrät der mächtige Schornstein, auf den zweiten die beträchtliche Mauerstärke, dass hier seit 1792/93 Kessel, Zylinder und »Balancier«-Balken einer aus England über Belgien vermittelten »Newcomen«-Dampfmaschine eingebaut waren, wie sie im Erzbergbau Cornwalls eingesetzt waren. In Eschweiler unterstützte die Maschine wassergetriebene Schachtpumpen.

Ibbenbüren, Förderschachthaus des Beustschachts

Im seit 1702 preußischen Ibbenbüren sind die Bauten der frühen Epoche von der Staatsregie geprägt. Im nördlichsten Steinkohlegebiet Deutschlands wurde 1841 mit dem Schachthaus über dem Schacht Graf Beust der Zeche Glücksburg ein klassizistischer Werksteinbau errichtet, der als Typus überleitet zu der wenig später einsetzenden Epoche der Malakow-Türme. So repräsentative Bauten sind im Ruhrbergbau nicht erhalten. Das Schachthaus war aber hier wie dort von linear angesetzten Flügelbauten flankiert. In der Achse kam rückwärtig meist ein Kesselhaus hinzu.

Essen-Altenessen, Malakow-Turm des Schachtes Carl

Als mit ziemlicher Sicherheit ältester Malakow-Turm des Ruhrgebietes von 1856/57 bildet der Schacht des Bergwerkes Cölner-Bergwerks-Verein den Auftakt für eine dreißigjährige Phase, in der aus den Schachthäusern endgültig Schachttürme wurden, die deutlich alle anderen Tagesanlagen überragten. Notwendig machten dies Fortschritte bei den Förderquantitäten und Bedingungen des Maschinenbetriebes. Carl ist der architektonisch klarste Malakow-Turm mit noch unmittelbar ansetzenden Flügeln für Förder- und Wasserhaltungs-Dampfmaschinen. Wie viele Malakows bekam auch Carl 1896 ein eisernes Fördergerüst »aufgesetzt«.

Herne-Wanne, Malakow-Turm der Zeche Unser Fritz, Schacht I

Für die zahlenmäßig beträchtliche Gruppe der Malakow-Türme der frühen 1870er Jahre (von den dreizehn erhaltenen Türmen sind das konjunkturbedingt immerhin acht) ist der 1873 in Betrieb genommene Turm der Zeche Unser Fritz typisch: Zwei vom Hauptbau abgetrennte Ecktürme nehmen
9 | Fluchttreppen auf. Die horizontale Hauptgliederung besteht in einem kräftigen Rundbogen-Konsolgesims, kreisrunde und halbrund geschlossene Fenster beleben die Mauerwerksfelder. Sie tun dies in ruhigerer Form als bei seinen ähnlichsten Nachbarn, den ebenfalls Zwei-Ecktürmchen-Malakows Ewald, Schacht I von 1875 und Westhausen von 1873.

Mechernich, Malakow-Turm auf dem Schafberg

Angesichts der Fülle einstiger mächtiger Bauwerke des Mechernicher Bleibergbaus steht der von etwa 1870 stammende Nicht-Ruhrgebiets-Malakow-Turm heute etwas einsam über dem Ort. Seine Achteckform und das schmucke Zeltdach über dem üppigen Konsol- und Zinnenkranz lassen ihn darüber hinaus noch zierlicher erscheinen. Gegenüber den längst beseitigten Aufbereitungs-Großanlagen (das 1936 gesprengte »Königspochwerk« war das größte Europas, auch Schacht und Aufbereitung »Virginia« waren riesig) hat der Schafbergturm Mühe, die – auch mit großen Umweltbelastungen verbundene – Geschichte des Bleibergbaues zu repräsentieren. Er zeigt aber, dass die Malakow-Bauweise nicht auf das Ruhrgebiet beschränkt war.

Dortmund-Bövinghausen, Schachtanlage Zollern II/IV

Zu Recht ist der »Klassiker« unter den Industriedenkmalen Zentrale des Westfälischen Industriemuseums. Die mittlerweile wieder um zwei Fördergerüste ergänzte Zeche war der Ausgangspunkt westdeutscher Industriedenkmalpflege. Hier erhob sich erstmals wirksamer Widerstand gegen das »Abräumen« der für Nordrhein-Westfalen so prägenden Vergangenheit. Die historisierenden Teile der Anlage wie die zwiebelhaubenflankierte Lohnhalle standen dabei nicht so sehr im Vordergrund. Sie sind aber Teil eines »aus einem Guss« neu angelegten Schachtbetriebes.

Dortmund-Bövinghausen, Maschinenzentrale Zollern II/IV

Lauter Superlative vereinigen sich in der 1968 zu großen Teilen geretteten, zentralen Maschinenhalle von 1902 bis 1904: Erstmals ein funktional-unverhüllter Stahlfachwerkbau im sonst vom Stilkleid beherrschten Bergbau, neuzeitliche Zusammenfassung des Maschinenparks einer ganzen Schachtanlage, eine der frühen Elektrofördermaschinen-Sätze Europas und eine sparsam akzentuierte, aber meisterhaft entworfene Schmucksystematik an Haupt- und Nebenportal, einzelnen Stahlfachwerkfeldern und der zentralen Schaltwand von Bruno Möhring, nicht zu vergessen eine ganz neue Lichtfülle durch großzügige Fensterflächen.

Essen-Kray, Schachtanlage Bonifacius I/II

Nach der Übernahme der Mitte des Jahrhunderts gegründeten Zeche Bonifacius durch die Gelsenkirchener Bergwerks-AG im Jahre 1899 veranlasst der gleiche Generaldirektor, der den Ausbau der Zeche Zollern vorantrieb, Emil Kirdorf, den Bau neuer Tagesanlagen. 1903 entsteht ein Spitz- und Rundbogenmotive gleichermaßen verwendender Lohnhallen- und Büroneubau mit expressiv neogotischem Charakter. Der im Um- und Aufriss stark gegliederte Gebäudekopf wird überragt von einem großflächigen Halbrundfenster zur Belichtung der Lohnhalle, dem Ort also, wo allwöchentlich der Bergmann den »Beamten« der Verwaltung zur Lohnabholung gegenübertrat. Noch heute ist die »gebaute Beeindruckung« durch den Arbeitgeber nachzuvollziehen.

3 |

Dortmund-Mengede, Kaue und Verwaltung der Zeche Adolf von Hansemann

Gegenüber Bonifacius in Essen noch einmal gesteigert, manifestiert sich der Rückgriff auf die Geschichte an der Dortmunder Zeche Hansemann, wo der später durchaus progressive Architekt Dietrich Schulze ein nahezu wörtliches Zitat märkischer Backsteingotik verwendet: Motiveinsatz und Anordnung verweisen auf das Mitte des 15. Jahrhunderts errichtete Uenglinger Stadttor der Stadt Stendal. Wie bei Bonifacius umfasst der auftrumpfende »Stilkopf« des Gebäudes bergbauliche Funktionsräume. Zur nahen Bahnstrecke hin suggeriert diese Architektur trutzige Bewährung und Beharrung. Fast ironisch ist, dass der mit so viel wehrhaftem Altpreußentum verherrlichte Namensgeber der Zeche, Adolf von Hansemann, Sohn eines liberalen, rheinisch-westdeutsch orientierten Unternehmers war.

Dortmund-Derne, Tomson-Bock-Fördergerüst, Zeche Gneisenau, Schacht II

1869 entstand das erste eiserne Fördergerüst einer Ruhrgebietszeche. Der sechzehn Jahre später, 1885/86 entstandene »Tomson-Bock«, eine Abart des aus England übernommenen Gerüsttyps (englischer Bock) und bis etwa 1914 viel verbreitete Bauart im Ruhrgebiet, ist das älteste erhaltene eiserne Fördergerüst des Reviers. Im Harzer Erzrevier hat es einen einzigen älteren »Stiefbruder« – Deutschlands ältestes erhaltenes Stahlfördergerüst, ein englischer Bock über dem Ottiliae-Schacht von 1876. Beide sind Bindeglieder zwischen Holzgerüsten und dem danach üblich werdenden »deutschen Strebengerüst«, durch Promnitz ab 1875 (Zeche Hugo, Gelsenkirchen) entwickelt.

Moers-Hochstraß, Zeche Rheinpreußen, Schacht IV

Nahezu bilderbuchartig vereint diese schon zeitgenössisch als Musterzeche bezeichnete Baugruppe alle Elemente einer Schachtanlage des Steinkohlebergbaues auf engstem Raum. 1904 begann die Förderung auf einer Anlage, die alle Funktionen übersichtlich diesseits und jenseits der zentralen Erschließungsstraße aufreiht. Dem Doppel-Strebengerüst diente das erhaltene östliche Fördermaschinenhaus, das westliche fehlt leider. Mit einem Mannschaftsgang verbunden, auf der gegenüberliegenden Seite Waschkauengebäude und Lohnhalle, anschließend Werkstattbau. Kaue und Lohnhalle sind komplett als Originalräume erhalten. Langjährige private Nutzung haben dafür gesorgt. Auch die in den 1920er Jahren hinzugefügten Bauten haben die gleiche, hohe Qualität. Als Mieter eines Privatinvestors entwickelt das Moerser Grafschafter-Museum die Maschinenhalle zu einem Dokument der Bergbaugeschichte.

Moers-Hochstraß, Elektrofördermaschine Rheinpreußen IV

Eine 1905/06 von der Gutehoffnungshütte und Siemens-Schuckert erbaute Elektrofördermaschine gehört mit der auf Zollern und in Alsdorf (Eduard-Schacht) zu den wenigen vor 1910 gebauten Exemplaren dieser Gattung. In Moers ist nicht nur der Außenbau des Fördermaschinenhauses, sondern auch der Innenraum in hervorgehobener Qualität gestaltet und dekoriert. Von den Kleeblatt-Motiven der Bodenfliesen bis zur lebhaften Wand- und Kranbahnstützen-Gliederung durch Backstein vor weißen Putzflächen und der cremefarbenen Wandfliesenverkleidung hat der Dekor dieser Maschinenhalle Seltenheitswert.

Gelsenkirchen-Feldmark, Zeche Consolidation, Schacht VIII, »Oberschuir«

Nahtlos erscheint die neue Nutzung eines Teils dieser Schachtanlage dem Gebäudebestand angepaßt: Als ob Waschkaue, Büros und Pförtner den späteren Ausbau schon 1908 vorweggenommen hätten, setzte man gebändigt-geometrischen Jugendstil in das damalige Stadtgefüge. Markant die Maschinenhalle mit dem großen Thermenfenster. Von hier bedient eine erhaltene Fördermaschine das Koepe-Strebengerüst von 1907 als Vertreter eines Typs, wie er sich seit 1876 und der Erfindung des Endlos- statt Aufwickel-Förderseils durch Friedrich Koepe entwickelt hat. Damit wurde die Seiltrommel der Fördermaschine zu einer Mitnahmescheibe des Förderseils. Maschinenhalle und moderner Zubau sind Standort eines Dokumentationszentrums für Architektur und Architekturgeschichte.

Bochum-Gerthe, Maschinenhalle der Zeche Lothringen, Schacht I und II

Eines der seltenen Beispiele für eine konsequente, nicht lediglich applikenhafte Verwendung von Gestaltungsprinzipien des Jugendstils ist die von sich kreuzenden Tonnendach-Konstruktionen bestimmte Maschinenhalle der 1880 bzw. 1895 in Förderung gegangenen Schächte I und II der Zeche Lothringen. Die das Tonnendach nachzeichnenden Giebellinien buckeln zur Aufnahme der kreisförmigen Fenster nochmals aus, die ihrerseits von einem »Schmuckgehänge« in rotem Backstein vor gelbem Backsteingrund hervorgehoben werden.

Kamp-Lintfort, Zeche Friedrich-Heinrich

Wüsste man nicht, dass Friedrich-Heinrich seine Existenz französischem Kapital verdankt, man könnte es förmlich erahnen, schreitet man die baumbestandene, geradezu »haussmanneske« Friedrich-Heinrich-Allee hinunter und bewundert die beiderseits aufgereihten Prachtfassaden. Kaum glaubhaft, dass diese stark vertikal betonten, nahezu festlichen Architekturvolumina Funktionen mehr verbergen als verkörpern wie Fördermaschinenhaus, Magazin, Zentralmaschinenhaus und Verwaltungs- und Kauengebäude. Letzteres gilt allerdings auch – was die auf Zechen stets architektonisch hervorgehobene Lohnhalle betrifft – für die Innengestaltung der Lohnhalle von Friedrich-Heinrich, die nahezu festsaalartigen Charakter trägt.

Essen-Frillendorf, Zeche Königin Elisabeth, Schacht Emil

Einer nach Elisabeth, Gattin des Preußenkönigs Friedrich-Wilhelm IV, dem Förderer Karl Friedrich Schinkels, benannten Zeche steht es durchaus an, im Besitz eines Betriebsgebäudes zu sein, das Alfred Fischer, vielfältig für die Ruhrindustrie tätiger Leiter der Essener Handwerker- und Kunstgewerbeschule von 1911 bis 1933, im Jahre 1913 in sachlich-spröder Harmonie errichtet. Aus Platzmangel kombiniert man im Inneren Kaue, Verwaltung, Fördermaschine und Lohnhalle der Schachtanlage. Noch vor dem Ersten Weltkrieg entworfen, gibt diese Reformarchitektur einen frühen Ausblick auf die Sachlichkeit der 1920er Jahre. Unmittelbar nebenan bis in die 1970er Jahre der Malakow-Turm des Schachtes Wilhelm.

Oberhausen-Tackenberg, Zeche Osterfeld, Schacht IV

Was sich 1913 bei Bauten wie dem Betriebsgebäude für Schacht Emil in Essen andeutete, kam anfangs der 1920er Jahre, als die schlimmsten Kriegsfolgen überwunden waren, zur Blüte: Ein funktional-sachlicher, dennoch nicht radikal mit der Vergangenheit brechender Industrie-Baustil. Der Oberhausener Architekt Toni Schwingen errichtet 1921/22 für den notwendig werdenden Bewetterungs- und Mannschaftsförderschacht Osterfeld IV zunächst eine Kaue, die auch von Alfred Fischer 1913 hätte stammen können. In dem als backsteinausgefachten Stahlskelettbau mit rechtwinklig gestuften Dachrücksprüngen 1923/1924 ausgebildeten Förderturm jedoch manifestiert sich mehr Modernes. Die parallelen, gut sichtbaren Stahlprofile für die Backsteinhaut betonen zusammen mit den kräftigen, genieteten Eckständern die Ausgewogenheit der Fläche, die von den Trägern des nicht auskragenden Fördermaschinenkopfes eingebunden wird.

Uebach-Palenberg, Lohnhalle der Zeche Carolus-Magnus

Den Deutschen und Franzosen gemeinsamen Kaiser wählten 1911 französische Investoren, als sie die Zeche Carolus-Magnus gründeten und benannten. Erst in den 1920er Jahren kam die Förderung in Schwung und ermöglichte weitere Anlagen. 1928 entstand im Kontext der früheren Bauten, die wie die Fördergerüste durchaus französischem Zechenbaustil folgen, die sachliche, aber kräftig durch
3 | Bauschmuck akzentuierte, zweigeschossige Lohnhalle, die, von einem Veranstaltungssaal unterfangen, in der Flucht des Foyers des Verwaltungsgebäudes angeordnet ist. Bei seit der Jahrhundertwende klassischer Grunddisposition sorgt der kräftig farblich abgesetzte Fliesenboden in Korrespondenz zum großzügigen Oberlicht für freundliche Akzente. Die Anlage dient nach Sanierung neuen Nutzungen.

Essen-Katernberg, Zeche Zollverein, Zentralschacht XII, Fördergerüstachse

Wohl zu Recht erheischt der in seltener Konsequenz vom Architektenteam durchgestaltete, auf Höchstleistung ausgerichtete Komplex von 1928 bis 1932 Aufnahme in die Liste des Weltkulturerbes der UNESCO. Die zweifache Aufgipfelung der Baumassen im rechten Winkel zueinander ist Fritz Schupp und Martin Kremmer in einer Weise gelungen, die durch das vermittelnde Modul des Stahlprofilrasters der vorgehängten Fassaden bloße Monumentalität vermeidet. Vielleicht ist es das Problem der Anlage, dass die stringente Ästhetik »elegante« Neunutzungen nahelegt, wobei der Charakter der Anlage als industrieller Hochleistungskomplex der »Vereinigten Stahlwerke«-Trust-Epoche und heutiges Industriedenkmal ins Hintertreffen geraten könnte.

Essen-Katernberg, Zeche Zollverein, Zentralschacht XII, Kesselhausachse

Dem aus dem gestuft vorspringenden und nach oben steigenden Kesselhaus und den beiden flankierenden Kompressorenhäusern gebildeten Blicksog fehlt heute leider der ehemals über hundert Meter hohe Schornstein, der den eingesogenen Blick nach oben ablenkte. Im Inneren sind teilweise die Kubaturen der Kessel als Ausstellungsräume verwandt, einer der ursprünglich fünf Kessel von 1929 bis 1935 blieb erhalten, eine Variante der Lösung im Kraftwerk Vockerode bei Dessau, wo man die Kessel aufschnitt und zu Ausstellungsräumen nutzt. Kesselhaus heute museal und gastronomisch genutzt.

Hamm-Herringen, Zeche Heinrich-Robert, Hammerkopfturm über Schacht Robert

Aus Platzgründen (die Fördermaschine oder gar –maschinen bei Doppelförderung nahmen am Grund keinen Platz in Anspruch) und weil die Gestehungskosten günstiger als beim Fördergerüst samt Maschinenhaus waren, kam der Förderturm nach einem Vorlauf bereits ab etwa 1900 in den frühen 1950er Jahren stark in Gebrauch. Fritz Schupp entwarf außer dem 1953 für Förder- und Bewetterungszwecke fertiggestellten Turm über Schacht Robert noch weitere sieben dieser Art. Markanz bekamen diese Türme in der Variante als »Hammerkopf«-Form, die – ähnlich dem auskragenden Wasserturmkopf – die Funktion der über den Schacht gestellten Fördermaschine deutlicher machte.

Werne-Langern, Fördergerüst Haus Aden, (Romberg)-Schacht VII

Später Spross am Baum einer technischen Bauaufgabe, die immer seltener gestellt ist, ist das sehr ästhetische, vom Schupp-Kremmer-Nachfolgebüro Winkhaus und Patschul 1983-86 entworfene Fördergerüst des Schachtes VII (Romberg-Schacht) des Bergwerkes Haus Aden. Weit nach Norden in die nicht vom Bergbau geprägte Landschaft des Münsterlandes vorgeschoben, zeigt dieses Gerüst bewusst abweichende Formen. Sein Spitzname »Golfschläger« verweist auf die den zylindrischen Ständer quasi umschlingende Form der vollwandigen Streben. Neue Wege ging man auch bei der Fördermaschinenkonstruktion: Hier ist der Elektromotor in die rotierende Treibscheibe für die Förderseile integriert.

7

Rheinberg-Borth, Steinsalzwerk Borth, Schacht I und II

Seit 1897 wusste man, dass sich nicht nur die Kohleflöze des Ruhrrevieres unter dem Rhein nach Westen fortsetzten, sondern hatte auch den Beweis einer über 200 Meter mächtigen Salzschicht unter der niederrheinischen Gemeinde Rheinberg. Mit dem Kohle- teilte auch der Salzbergbau die problematische Zugänglichkeit der wasserüberdeckten Lagerstätten. Folglich gab es hier ähnlich lange Erschließungszeiten. 1906 griff man deshalb zum neuen Gefrierverfahren für das Schachtabteufen, brauchte aber doch zwanzig Jahre bis zur Betriebsaufnahme des Schachtes I. Bei Schacht II war es die Zeit von 1910 bis 1916. Heute dominieren den agrarischen Niederrheinraum neben dem Förderturm des Schachtes I (1964/65) vor allem das markante, als eines der letzten 1927 errichtete Doppelbock-Fördergerüst und die sorgfältig gestalteten Zubauten der 1950er Jahre.

Frechen, Trocken- und Pressenhaus der Brikettfabrik Carl

In der Vor-Elektrifizierungsphase bedeutete die Einrichtung des Brikettierverfahrens einen gewaltigen Aufschwung des Braunkohle-Abbaues. Mehr und mehr sollte dieser die westlich Kölns gelegene Erft- und Inde-Landschaft umkrempeln zum Zwecke der Ausbeutung von Europas größtem Braunkohlevorkommen. Die Konkurrenz der durch die Eisenbahn leichter verfügbaren Steinkohle zwang im Braunkohlegebiet ab etwa 1880 zur Veredelung des sehr feuchten und heizwertarmen Förderguts. Mittels Dampfkraft trocknete und presste man nun die Rohbraunkohle zu »Briquettes«. Diese beiden Basisvorgänge wurden ständig verbessert und veränderten stetig das Aussehen der Fabrikbauten. Dies zeigt vorbildlich das 1905 entstandene, 1913, 1928 bis 1930 und 1963 erweiterte Trocken- und Pressenhaus einer der ältesten Brikettfabriken des rheinischen Braunkohlereviers, der Brikettfabrik Carl, mit ihrem erhaltenen Maschinenbestand ab 1913, das Braunkohlemuseum werden soll.

9 |

Bochum-Langendreer, Kokerei der Zeche Neu-Iserlohn I/II

Die Kokserzeugung wurde zu einem primären Daseinszweck des Steinkohlenbergbaues von dem Zeitpunkt an, als man lernte, statt der Holzkohle Steinkohle und damit Koks zur Eisenerzeugung einzusetzen. Dieses Verfahren kam noch im 18. Jahrhundert von England auf den Kontinent. Aus der Holzkohlen-Meilertechnik entwickelten sich ergiebigere Verfahren, die auch die Gewinnung von Nebenprodukten wie Teer und Ammoniak erlaubten. Die Firma Dr. C. Otto & Co. war dabei für Deutschland führend. In Bochum ist die Batterie von ehemals sechzig Otto-Hoffmann-Öfen aus dem Jahr 1895 noch repräsentiert durch die erhalten gebliebene Backsteingewölbe-Galerie als Sockel der bei dieser Bauform hoch liegenden Druckmaschinenbahn (Druckmaschinen leerten die Brennkammern): einer der ältesten erhaltenen Zeugen dieser zentralen Technik zwischen Zeche und Hütte.

Alsdorf, Gasmaschinenzentrale der Zechenkokerei Anna

Wie Hochöfen, so lieferten auch die Koksöfen der Hochindustrialisierung große Mengen Gas, das man u.a. für die Elektrizitätserzeugung einsetzte. Von der ehemaligen Großkokerei Anna, zwischen den Schächten I und II der ehemaligen Steinkohlengrube gleichen Namens, blieb vor allem die mächtige, langgestreckte 1906-09 entstandene Gasmaschinenhalle, das sogenannte »Langhaus« erhalten. Sie ist würdiger Vertreter einer architektonischen Leitmotivgattung der nordrhein-westfälischen Hüttenindustrie. Diese Hallen waren zumeist die großvolumigsten Gebäude einer Hütten- oder Kokereianlage (vgl. Gasgebläsemaschinenhallen in Duisburg-Meiderich oder Oberhausen). Einer möglichen Monotonität der langgestreckten Baukörper kam man durch lebhafte Gliederung der Außenfassaden zuvor, im Alsdorfer Fall eine ausgewogene »Rundbogenstil«-Gestaltung, wie im Industriebau lange beliebt. Für das Innere sind heute viele neue Nutzungen geplant. Nebenan das in Entstehung begriffene Museum in der ehemaligen Zeche Anna.

Dortmund-Huckarde, Gaskompressorenhalle der Kokerei Hansa

Den maschinentechnischen Schwerpunkt auf der 1928 vollendeten Großkokerei Hansa im Dortmunder Westen (hier hat seit 1998 die »Stiftung Industriedenkmalpflege und Geschichtskultur« ihren Sitz) bildet die mit DEMAG-Kompressoren bestückte backsteinverkleidete Halle. Station in der Gas-Wärme-Ökonomie der Zechen- und Hüttenindustrie, wurde sie ab 1930 auch im 1928 gegründeten Verbundsystem der »Ruhrgas-AG« mit neunzehn anderen Kokereien des Ruhrgebietes wichtiger Knoten im weit verzweigten Fernliefernetz privater und kommunaler Gas-Industriewerke, dessen Gasabsatz von 420 (1929) auf 1.500 Mio. Kubikmeter (1935) Kokereigas stieg. Für die größere Reichweite musste im Netz der Druck erhöht werden. Hansa ist die wohl beeindruckendste Maschinenhalle der Neuen Sachlichkeit in Deutschland.

Düren, Werkhallen der Lendersdorfer Hütte

Auf das 17. Jahrhundert reicht die Geschichte der seit 1820 mit dem Namen Hoesch verbundenen »Lendersdorfer Hütte« zurück: Einige Bekanntheit erreichte sie durch das 1838 von Karl Schütz geschaffene Ölgemälde (Leopold-Hoesch-Museum, Düren) das »Lendersdorfer Walzwerk bei Düren«, zusammen mit Alfred Rethels' »Harkortsche Fabrik auf Burg Wetter« von zirka 1834 eine der wenigen künstlerischen Wiedergaben der beginnenden Industriewelt in Nordrhein-Westfalen. Beide Betriebe standen an der Spitze der deutschen Stahlerzeugung. Die Hoeschs führten nach 1824, Harkort ab 1827 das Puddelverfahren ein, nach Remy in Neuwied die Ersten in Deutschland. Auch der Lendersdorfer Hochofenbetrieb ging mit Einführung von vorgewärmtem Gebläsewind neue Wege, ebenso mit Steinkohlen-Koks-Einsatz. Die in Düren erhaltene Anlage ab der Jahrhundertmitte ist ein Denkmal der Anfänge der deutschen Stahlerzeugung vor ihrer Konzentrierung im Ruhrgebiet, wo die Hoeschs sich 1871 niederlassen.

Duisburg-Meiderich, Hochofenwerk Meiderich

Das bedeutendste Groß-Denkmal der nordrhein-westfälischen Hüttenindustrie ist die noch aus drei Hochöfen mit sämtlichen zugehörigen Einrichtungen bestehende »Meidericher Hütte«, ein wichtiger Meilenstein auf dem Weg Duisburgs zur »Stadt Montan«, wie sie sich seit den 1950er Jahren stolz nannte. In der 1902 von August Thyssen als Baustein seines vertikalen Montankonzerns gegründeten Hütte, später wegen ihrer differenzierten Erzeugungsmöglichkeiten »Apotheke des Ruhrgebiets« genannt, kann man wie an keinem anderen Ort außer in Völklingen/Saar den Werdegang des Roheisens nachvollziehen. Im dank der Unterstützung der Internationalen Bauausstellung »IBA« als Themenkern in den »Landschaftspark Duisburg-Nord« integrierten Denkmalkomplex mit 24stündiger Betretbarkeit wurden neue Wege der Industriedenkmalpflege begangen.

Duisburg-Meiderich, Dampfgebläsemaschinenhalle, Meidericher Hütte

Der Charakter als »begehbares Industriedenkmal« wird besonders deutlich an der 1902 in schwerer Backstein-Rundbogen-Bauweise errichteten Halle. Ihre schmal-hohe Gestalt leitet sich aus den ursprünglich hier aufgestellten, 1952 entfernten, vertikalen drei Verbund-Gebläsemaschinen ab und erzeugt eine kirchenschiffartige Atmosphäre. Über den später installierten, noch heute vorhandenen Maschinen hat man in dem vollkommen authentisch belassenen Innenraum eine gerüsthafte Zuschauertribüne installiert, die vielen musikalischen Darbietungen dient. Sparsame demontierbare Hinzufügungen bieten auch in den angrenzenden Räumen gerne genutzte Veranstaltungsmöglichkeiten.

Bochum-Stahlhausen, Gaskraftzentrale »Jahrhunderthalle«

Krupp-Konkurrent Jacob Mayer und sein 1842 gegründeter, späterer »Bochumer Verein« waren auf der wichtigen Düsseldorfer Industrie- und Gewerbeausstellung von 1902 mit einer dreischiffigen Stahlbasilika aus hohen Bogenbindern vertreten. War die Halle in Düsseldorf noch von einem Glockenturm flankiert und vollkommen in Putz verpackt, erstand sie planmäßig 1903 in Bochum mit ihrer für Nutzhallen ungewöhnlichen dreigelenkigen Bogenbinderkonstruktion, nun unverkleidet als Gaskraftzentrale wieder. Ganz unüblich war dieses Verfahren um die Jahrhundertwende nicht: Auch das Skelett des Krupp-»Pavillons« auf der Düsseldorfer Ausstellung wuchs nach Abnahme der panzerkreuzerartigen Dekor-Verpackung im Hüttenwerk Rheinhausen 1903/04 auf's Neue empor. Der Bochumer »Jahrhunderthalle«, heute vielseitig verwendbarer Veranstaltungsraum, gebührt aber der Binderform wegen das Attribut höherer Eleganz.

Meerbusch-Heerdt, Kraftzentrale des Edelstahlwerkes Gebr. Böhler & Co.

Eisen- und Stahlerzeugung beschränkt sich nicht auf das Ruhrgebiet. Meist kleinere Einheiten lagern sich mit Bezug auf das Zentrum auch rund um das Revier an. Ab 1913 zieht es auch den österreichischen Edelstahlproduzenten Böhler, seit 1886 in Deutschland, in Ruhrnähe an den Rhein. Knapp vor der linksrheinischen Düsseldorfer Stadtgrenze produziert man ab 1916 Tiegelstahl, ab 1918 Siemens-Martin-Stahl rechtzeitig für die Rüstungsproduktion des Ersten Weltkrieges. In noch heute landschaftsbestimmender Qualität entstehen Wasserversorgung und Kraftzentrale. Zwischen Maschinen- und Kesselhausteil ragt ein Erschließungsturm als neben dem Wasserturm zweiter Vertikalakzent in den Werkshimmel. Das hohe Mansarddach des Kesselhauses mit seinem horizontalen Fensterband vermittelt die Position der Stahlbeton-Kohlesilos von innen nach außen. Das Kesselhaus ist beliebter Veranstaltungsort.

Oberhausen, Hauptlagerhaus der Gutehoffnungshütte

Etwas vom Stolz eines Ozeandampfers eignet dem fast 100 Meter langen, ziegelrot-weißen Hauptlagerhausbau, den Peter Behrens nach beschränktem Wettbewerb 1920 bis 25 für die GHH errichtet. Hier wurde das gesamte Lagerwesen der über Oberhausen verstreuten Unternehmung zusammengefasst. Auf fünf wegen Bergschadengefahr unabhängig voneinander betonierten Fußplatten erhebt sich der ab dem vierten Obergeschoss rückspringende Bau in von Quadratfenstern rhythmisierten Horizontalschichten. Vertikalelement sind die beiden leicht rückspringenden Treppen- und Aufzugstürme. Westlich bildet eine hochragende Aufzugscheibe den Schlussakzent zum im rechten Winkel angrenzenden Verwaltungsgebäude. Die neu gefundene Nutzung für den Behrensbau als Depot des Rheinischen Industriemuseums ist für diese wohl beste Hüttenarchitektur Nordrhein-Westfalens die ideale Lösung.

Krefeld-Linn, ehemalige Reinhold-Hütte

Versunken wie Vineta sind die verbliebenen Bauten des 1913 gegründeten Hochofenwerks Rheinhold-Hütte des Stahlindustrie-Außenseiters Reinhold Becker. 1922 arbeiteten hier zwei 200-Tonnen-Hochöfen, zwei 70-Tonnen-Siemens-Martin-Öfen sowie verschiedene Elektroöfen. Wie alle Bauten der von der etablierten Ruhrgebietsindustrie stets bekämpften Unternehmung (es gibt noch ein teilweise erhaltenes Stahlwerk im niederrheinischen Hinterland) zeigen die Hüttengebäude auf Krefelder Hafengelände eine konservativ-sachliche, schwere Körperhaftigkeit, die dennoch um Nuancen moderner erscheint als andere zeitgleiche Hüttenarchitekturen. Das Bürogebäude von 1916 hat unter seinem Tonnendach Züge der mehr als hundert Jahre älteren Revolutionsarchitektur. Alle Bauten sind seither unter der Schlackenaufschüttung verschwunden, die den Hafen zwecks Ansiedlung neuer Industrien hochwassersicher machen sollte. Mehr als zwanzig Jahre später bleibt diese allerdings immer noch aus.

Bergisch-Gladbach, Kalkofen des Kalkwerkes Cox

Eng verbunden mit der Bergisch-Gladbach prägenden Leitindustrie der Papierherstellung, die sein Produkt als Zusatzstoff beim Mahl- und Bleichprozess benötigt und der mit der alten Dombach eine Themenaussenstelle des Rheinischen Industriemuseums gewidmet ist, ist der 1858 in dieser Form errichtete Doppelkalkofen des Kalkwerkes Cox ein klassischer Vertreter einer einst weit verbreiteten Gattung. Die untereinander verbundenen Ofenkörper mit den torbogenartigen Abziehöffnungen sind so an den Hang gestellt, dass eine Beschickung mit Brenngut und Brennstoff ohne weitere technische Vorrichtungen möglich ist. Wie Hagen oder Wuppertal war Bergisch-Gladbach um 1850 einer der bedeutendsten preußischen Kalkbrennerei-Orte.

Rheine, Kalkwerk Otto Breckweg

Nach dem Schachtofenbetrieb etablierte sich bei größeren Firmen, ähnlich wie bei der Ziegelherstellung, vielfach der wärmeökonomischere Ringofenbetrieb nach dem Prinzip von Hoffmann-Licht. Aber auch in neuer Zeit unterscheiden sich die Herstellungsprozesse nicht grundlegend von denen der Vorindustrialisierung. Zu den höher gewordenen Öfen treten nun Fördereinrichtungen für Brennstoff
1 | und Brenngut sowie wegen des vermehrten Ausstoßes notwendige Siloanlagen hinzu, die wie hier mit zusammenfassenden Bedachungen für die Kalkbeschickung versehen sind. Großindustrielle Maßstäbe erreichte die Kalkindustrie Nordrhein-Westfalens vor allem in Wülfrath-Dornap, dem Großlieferanten für die Eisen-, Stahl- und Baustoffindustrie.

Bonn-Oberkassel, Bonner Zementfabrik

Die industrielle Erzeugung des weit in die Vergangenheit zurückreichenden Baustoffes Zement (das römische »Caementum« wurde wohl um 500 v.Chr. bereits von den Phöniziern verwendet) begann mit dem Versuch, den nicht überall zu beschaffenden vulkanisch entstandenen Traß als Zuschlagstoff für wasserfeste Mörtel zu ersetzen. Um 1820 kam für das Gemisch aus Kalk und Tonzement die Bezeichnung »Portlandzement« auf, der ab 1844 in England unter Patentschutz produziert wurde. 1855 entstand die erste deutsche Portlandzementfabrik in Stettin. Der dortige Erfinder und Unternehmer Bleibtreu begann 1858 in Bonn mit der Herstellung von Zement aus Mainzer Kalk und regionalem Ton. Neben dem 1897 entstandenen Wasserturm ist heute gegenüber dem ehemaligen Regierungsviertel am Rheinufer die um 1860 entstandene Rohmühle der markanteste Bau. Mit seiner konsolfriesgeschmückten, mit Ecktürmchen betonten preußisch-spröden, massiven Erscheinungsform erinnert er an Potsdamer Getreidemühlenbauten oder das Kölner Heeresproviantamt.

Viersen-Süchteln, Ziegeleiringofen Höges & Schloten

Befreiungsschlag aus der technikbedingten Engpasssituation frühindustrieller Backsteinherstellung war das 1851 an Hoffmann und Licht erteilte Patent für einen kontinuierlich arbeitenden »Ringofen«. Bei diesem wandert der Brennbetrieb kammerweise im Kreis herum, die durch von oben erfolgende Brennstoffzugabe erzielte Hitze für Produktionsstufen in anderen Kammern nutzend. Wegen der so durch Kohleersparnis ermöglichten Verbilligung lohnte nun auch der Transport in fernere Liefergebiete. Rheinische Backsteine gingen per Wasserweg in die mit der Industrialisierung sprunghaft wachsenden Großstädte. Da die Öfen schwer zu erhalten sind, gibt es nicht mehr allzu viele in Nordrhein-Westfalen. Der Süchtelner Bau von 1908 ist nach Restaurierung in gutem Zustand.

Gemünd-Mauel, Gasröhrenfabrik Poensgen

Der lange Prozess des Ein-, später auch gelegentlichen Überholens der technischen Leistungen des
Mutterlandes der Industriellen Revolution, England, durch deutsche Unternehmen besitzt eine seiner
vielen Stationen in der ersten Gasröhrenfabrik des Kontinents, die Albert Poensgen und Friedrich
Wilhelm Schoeller 1845 in einer 1821 begründeten Papierfabrik im Eifelort Mauel einrichteten. Bis-
her hatten Engländer nicht nur Gründung und Betrieb der ersten Generation von Gaswerken auf dem
Kontinent besorgt, sondern auch einen Großteil der hierfür benötigten Materialien geliefert. Auf der | 1
gegenüberliegenden Straßenseite steht unverändert das Wohn- und Kontorhaus Albert Poensgens, der
1860 seine Röhrenfabrikation nach Düsseldorf verlegte, wo die Straßenbezeichnung »Eifeler Straße«
noch heute auf diesen Umzug hinweist.

Solingen-Widdert, »Loosen Maschinn«

Nicht nur hier, aber hier in besonderer Intensität kam in Solingen um 1860 der Typus einer auf zentralem Dampfantrieb basierenden Mietfabrik auf, der in der Stadt den plastisch-bezeichnenden Namen »Maschinn« erhielt. Es handelt sich dabei um einen von einem Unternehmer in Backstein errichteten Geschossbau, der über eine im Nebengebäude behauste Dampfmaschine in allen Geschossen und Räumen mittels Transmission mit Antriebskraft versorgt wurde. Nutzer in diesem Bau waren aber nicht lohnabhängige Fabrikarbeiter, sondern selbständige Schleifer, die nun der Arbeit, die sie zuvor in wasserradgetriebenen Schleifstellen, den sogenannten »Kotten« ausgeübt hatten, als Mieter von Räumen in diesem neuen Typ von Fabrik nachgingen. 1895 gab es 107 dieser Dampfschleifereien mit teilweise weit über hundert Mietern pro Gebäude. In »Loosen Maschinn« ist es gelungen, ein solches gewerbliches »Mietappartement« als Außenstelle der Gesenkschmiede Henrichs (Rheinisches Industriemuseum) zu erhalten. Ernst Loos hatte den Bau 1886 errichtet.

Remscheid-Eschbachtal, Feilenfabrik Ernst Ehlis

So wie für Solingen seit Jahrhunderten die Schneidwarenindustrie den gewerblichen Leitsektor bildete, dominierte in der Industriegeschichte Remscheids die Herstellung von »Remscheider Artikeln«, sprich Kleineisen- und Stahlwaren, eine Tradition, die im 16. Jahrhundert durch zugewanderte Hugenotten begründet wurde. Die unterhalb der ersten deutschen Trinkwassertalsperre von 1891 am Eschbach gelegene Feilenfabrik Ehlis verkörpert die fortgeschrittene fabrikmäßige Fertigung von Feilen aller Art, deren frühindustrielle Vorstufe im westfälischen Landesmuseum für Handwerk und Technik in Hagen demonstriert wird. Herausgehoben erscheint die anspruchsvolle bauliche Gestaltung im Vergleich mit weiteren, dem Bachlauf folgenden Betrieben. Ein Detail wie die Uhr im Giebelfeld der Fabrik erwartete man eher in städtischen Zusammenhängen.

Stolberg, Firma William Prym, Draht- und Blechkurzwaren

Im Gegensatz zu den meisten Betrieben der einst hochbedeutenden Stolberger Messingindustrie, die bereits um die Mitte des 18. Jahrhunderts zum Erliegen kamen, produziert die auf eine Gründung von 1653 zurückgehende Unternehmung Prym noch heute weltweite Exportartikel wie Druckknöpfe, Sicherheitsnadeln, Reißverschlüsse und Ketten. Sie tat dies in einem Baubestand, der mit teils bemerkenswerten Leistungen der Industriearchitektur seit 1850 aufwarten konnte. Einer der übriggebliebenen Bauten, die die lange Tradition des Unternehmens noch verdeutlichen, ist neben dem 1908 errichteten Verwaltungsgebäude die 1905 erbaute, fünfgeschossige Druckknopffabrik mit dem Wechsel von gelb-rotem Klinkermauerwerk. Die für gute Innenraumbelichtung großzügig durchfensterte Fassade zeigt variierende Fensterformen. Der gesamte Werkskomplex repräsentiert den Wachstumssprung von den »Kupferhöfen« ins Industriezeitalter und wirkt entlang der Finkensiefstraße wie ein Entree zur Stadt.

Bielefeld, Dürkopp-Werke AG

Ein charakteristisches, straßenblockweise entstandenes Fabriksystem kennzeichnet Teile des Bielefelder Stadtgebietes. Nahezu markenzeichenartig wirken dabei die die rechtwinklig angelegten Straßen überspannenden Verbindungsbrücken von Fabrikteil zu Fabrikteil. Die dreigeschossige, 1911 angelegte Fabrik des Unternehmens Dürkopp, das seit 1867 Nähmaschinen, ab 1889 Maschinen aller Art, ab 1885 Fahrräder und ab 1894 bis weit in die 1920er Jahre auch Motorfahrzeuge baute, zeigt – von Architekt Bernhard Kramer entworfen – im Mittelteil einen wie die Seitenflügel von Kolossalpilastern geschmückten, viergeschossigen Trakt, der von zwei siebengeschossigen Türmen überragt wird, die Wasserreservoire enthalten. Die urbane Qualität des Fabrikbaues manifestiert sich in seiner nahtlosen Umwandlung zu Wohnzwecken. Nach einem Wettbewerb entstanden Gewerbe im Untergeschoss und 38 Wohnungen in den oberen Stockwerken, der Fabrikkamin und eine Kesselanlage blieben erhalten.

Ratingen, Deutsche Lastautomobilfabrik AG

Wie das Ratinger Beispiel zeigt, wird die Anfangsepoche des deutschen Automobilbaues von zunächst werkstattartigen, dann aber relativ kleinmaßstäblichen Produktionsstätten charakterisiert. 1913 errichtet die 1910 gegründete Deutsche Lastautomobilfabrik AG hinter einem villenartigen Verwaltungsgebäude einen modernen Stahlbeton-Geschossbau, wie er in der Autoproduktion der Zeit typisch war (siehe Peter Behrens' Berliner Bau für die »Nationale Automobilgesellschaft« der AEG von 1915-1917). Der Sprung in die Großserienproduktion im Automobilbau sollte in Nordrhein-Westfalen nur in Köln stattfinden, wo 1930 die Ford Motor Company ein von Edmund Körner entworfenes Automobilwerk aus dem Boden stampfen ließ, in dem nach nur sechsmonatiger Bauzeit die ersten Wagen vom Band rollten.

Ratingen-Eckamp, Mechanische Baumwollspinnerei Cromford

Einen umfassenden Fall von »technology transfer« stellt die Etablierung der ersten mechanischen Baumwollspinnerei des Kontinents durch Johann Gottfried Brügelmann, Elberfelder Textilkaufmann, im Jahre 1783/84 dar. Von den Maschinenvorlagen, über die wichtigsten ersten Arbeitskräfte bis zum Namen »Cromford« stammte alles von der 1771 durch Richard Arkwright, Patentinhaber (1769) für die entscheidende Maschine, den »waterframe«, begründeten Unternehmung Cromford in Derbyshire. Erhalten sind in Ratingen ein Fabrikgebäude des 18. Jahrhunderts und das aus den Profiten des mechanisierten Spinnbetriebes finanzierte Wohn- und Kontorhaus des »Deutschen Vaters des Fabriksystems« Brügelmann. Beide Bauten sind heute Außenstelle des Rheinischen Industriemuseums.

Radevormwald-Dahlerau, Tuchfabrik Wülfing & Sohn

Zurück aus dem (französischen) Linksrheinischen, etablierten Lenneper Tuchfabrikanten nach 1815 anstelle aufgelassener Eisenhämmer im Tal der Wupper auf zentralem Wasserantrieb beruhende, maschinisierte Wolltuchfabriken, die sich wie Perlen an der Schnur flussaufwärts reihten. 1836 entsteht der aus Werk- und Bruchstein gefügte, an beiden Enden mit Quergiebeln betonte, viergeschossige und 24 Achsen lange Hauptbau der Fabrik, 1872 nochmals um sieben Achsen verlängert. Die Holzdielenböden liegen auf massiven hölzernen Querträgern, die durch sämtliche Geschosse hindurch von kannelierten gusseisernen Stützen getragen werden, die die bislang ältesten dieser Art in Deutschland sind. Am Westende im Inneren erhalten das mächtige Portal, flankiert von wuchtigen Werkstein-Wandpfeilern, die der vorgesetzte Giebel von 1872 im Osten getreulich nachahmt.

Radevormwald-Dahlerau, Dampfmaschinenzentrale Wülfing & Sohn

Der ursprüngliche Wasserradantrieb für Spinnerei, Weberei und Walkerei in Dahlerau wurde bereits 1854 durch Jonval-Turbinen ersetzt, gleichzeitig schaffte man eine 45-PS-Dampfmaschine an, die auf die gleiche Antriebsachse wirkte wie die Turbine. Dieser folgte 1861 eine 100-PS-Maschine der Siegburger Friedrich-Wilhelms-Hütte. 1872 kam eine moderne Woolfsche Balanciermaschine, 1880 eine 200-PS-Maschine der Augsburger Maschinenfabrik AG an die Stelle der alten. Diese Firma lieferte 1891 auch die heutige 400-PS-Maschine, für die ein mehrgeschossiges Maschinenhaus über den Fabrik-Obergraben gebaut wurde. Sie wurde in eine prächtig ausgestattete Kraftzentrale gesetzt. Unter einer schweren, kassettierten Holzdecke ordnen sich auf dem mit gemusterten Fliesen versehenen Boden gut gestaltete Schrankzonen für das nahezu ornamental arrangierte Werkzeug an und umrahmen Dampfmaschine und seilbelegte Antriebscheibe. Heute steht die Kraftzentrale in der Obhut eines Museumsvereins.

Aachen, Löhergraben, Tuchfabrik Startz

Ein zweites, zeitlich weit zurückreichendes Produktionszentrum für Wolltuche war Aachen und das dem späteren Belgien angehörende Gebiet um Eupen und Verviers. Gemeinsam hat diese Region eine auch auf den neuen Bautypus Fabrik ausgedehnte Bauweise, die bei grundsätzlicher Backsteinverwendung für Fenster- und Türgewände Blaustein als farblichen Akzent nutzt und in der Formgebung spätbarocke Traditionen bis ins 19. Jahrhundert führt. Zu einer Zeit, da schon erste Dampfmaschinen in Aachen laufen (1817), entstand am fabrikreichen Löhergraben der viergeschossige Winkelbau der Tuchfabrik Startz. Unter der Bezeichnung »Barockfabrik« dient er heute kulturellen Zwecken. Dass es Fortschritte beim gestalterischen Umgang für Neunutzungen historischer Fabriken gab, zeigt ein Vergleich mit dem in den 1960er Jahren für die Technische Hochschule umgenutzten Bau der Tuchfabrik Marx & Auerbach.

Euskirchen-Kuchenheim, Tuchfabrik Müller

Ein Glücksfall für Industriedenkmalpflege und -museum ist der »Dornröschenschlaf« gewesen, in den über Jahrzehnte eine komplette Tuchfabrik in Euskirchen versank. Hier hatte sich die Tuchfabrikation verhältnismäßig spät etabliert, ab 1852 entstanden aber zahlreiche Wolltuchfabriken vor dem Hintergrund gesicherter Lieferungen zu Militärzwecken. 1801 war bei Euskirchen am Erftmühlenbach der winkelförmige Bau einer Papiermühle entstanden, erkennbar an der charakteristischen Dachform für den Trockenbetrieb. Bereits 1843 wechselt die Nutzung zur Textilerzeugung, die in der Phase der Volltuchfabrik Müller dann von 1894 bis 1961 währte. Kurz nach Firmengründung erneuerte Ludwig Müller den gesamten Maschinenpark. Da in der Folge größere Investitionen unterblieben, konnte das Rheinische Industriemuseum, das den Standort zur Außenstelle machte, einen wertvollen historischen Bestand übernehmen, der nahezu lexikalisch die (vorwiegend sächsische) Textilmaschinenproduktion der ersten drei Jahrzehnte des 20. Jahrhunderts widerspiegelt.

Viersen, Baumwollspinnerei Goeters

In zwei Wachstumsschüben entstand im von der Textilindustrie charakterisierten Landstrich zwischen dem Seidenzentrum Krefeld und der niederländischen Grenze die von einem markanten oktogonalen Schornstein überragte Spinnerei Goeters. Die 1865 errichteten Bauten sind klar geschnittene Backsteintrakte im Rundbogenstil, der ab 1896 hinzugekommene Geschossbau mit Kessel- und Maschinenhaus sowie dem für den Baumwollspinnbetrieb typischen Staubturm zur Abfuhr der im Produktionsprozess entstehenden Staubbelastung zeigt eine großzügig durchfensterte, mit dem Farbwechsel der Backsteine repräsentativer wirkende Bauweise. Nur wenige Textilkomplexe am Niederrhein sind so vollständig erhalten wie diese sorgsam gepflegte Anlage.

Hückeswagen-Fuhr, Tuchfabrik Erich Waldthausen

Schon auf der 1864 erschienenen Lithographie »Hückeswagen vom Lindenberge aus« erscheint unter den immerhin vierzehn gewerblichen Betrieben der Stadt die wohl kurz nach der Jahrhundertmitte entstandene Tuchfabrik mit ihren markanten, achteckigen Treppentürmen. Von der 1857 konzessionierten Dampfmaschine zeugen in der Ostgiebelwand zwei Durchlässe für die Transmission, die wohl über den östlichen Eckturm in die einzelnen Geschosse übergeleitet worden ist. Von der gesamten rheinischen Tuchproduktion entstammte im Schnitt jeweils ein gutes Viertel allein der Region um Lennep, Hückeswagen, Kettwig, Werden und Mülheim an der Ruhr im Rechtsrheinischen. Für die fabrikmäßige Fertigung ist dafür die Geschossfabrik mit dem 1889 angefügten Shedteil ein guter Beleg.

Engelskirchen, Baumwollspinnerei Ermen & Engels

Die Erkenntnisse fortschrittlichen Industriebaues aus Großbritannien setzten sich nach der Mitte des 19. Jahrhunderts auch in Deutschland durch, vor allem, was den Einsatz des Gusseisens als Baustoff angeht. Die 1837 von Friedrich Engels sen. aus Barmen mit dem englischen Unternehmer Peter Herbert Ermen in Manchester gegründete Baumwollspinnerei trieb in den 1840er Jahren auch einen Spross in dem östlich Kölns an der Agger gelegenen Ort Engelskirchen, dessen Namensgebung allerdings nichts mit dem Vater Friedrich Engels' zu tun hat. 1840 bis 1844 entsteht der Spinnerei-Hauptbau von drei Geschossen und 26 Metern Länge. 1868 kommt ein komplett mit gusseisernen Stützen und Trägern ausgestatteter, viergeschossiger Spinnereibau hinzu, der seit 1986 das Rathaus der Gemeinde Engelskirchen beherbergt, ein bahnbrechender Umnutzungsmodus, hatte sich doch die öffentliche Hand bis dato schwer getan, Domizile in ehemaligen Produktionsgebäuden zu akzeptieren.

Bielefeld, Ravensberger Spinnerei

Aus heutiger Perspektive scheint es nahezu unglaublich, dass ein Gebäude von der repräsentativen Qualität des 1855-58 von dem in England tätig gewesenen Friedrich Kaselowsky errichteten »Fabrikschlosses« der Ravensberger Flachsspinnerei wegen einer Straßenplanung beinahe demoliert worden wäre. Die 22.000-Spindelfabrik war von Kaufleuten um den Leinen- und Seidenfabrikanten Hermann Delius zur Beendigung der regionalen Krise der alteingesessenen, bislang kaum fabrikmäßig betriebenen Leinenproduktion projektiert worden. Neben der Tudor-Gotik-inspirierten Baugestalt in Werkstein war es auch der gusseiserne Innenausbau, der auf englische Vorbilder zurückging. Englischen Ursprungs waren auch sämtliche Arbeits- wie auch die Antriebsmaschinen, die der zuvor in Leeds ansässige Kaselowsky geordert hatte.

Bielefeld, Oberlichtsaal der Ravensberger Spinnerei

Die heute der Volkshochschule als Domizil dienende Fabrik ist ein Lehrbeispiel der Umnutzungsproblematik historischer Industriebauten. Viele Fragen wurden hier Ende der 1970er Jahre grundsätzlich angegangen. Die Forderung der Denkmalpflege, der Arbeits-Saal-Charakter der Geschossebenen sei zu erhalten, führte zur Einstellung unabhängiger Raumzellen für die neuen Funktionen. Die Stützen- und Trägerkonstruktion wurde durch Spezialanstrich und umfängliche Sprinklersysteme sichtbar gehalten, was angesichts der Feuerschutzproblematik als vorbildlich gelten kann. Der im dritten Obergeschoss liegende Oberlichtsaal ist ohne Einbauten im Originalzustand verblieben und in der ursprünglichen Farbigkeit wieder hergestellt. So bleiben große Teile einer frühen, in Deutschland (Eisenhütten Westphalia , Lünen, und Friedrich-Wilhelm-Hütte, Siegburg) hergestellten Gusseisenkonstruktion sichtbar.

Mönchengladbach, Gladbacher Aktienspinnerei und Weberei

Ähnlich »fabrikschlossartig« wie die Ravensberger Flachs- präsentiert sich die Gladbacher Baumwollspinnerei, die fast gleichzeitig (1854/55) in Backstein entstand. Im »deutschen Manchester« formierte sich um diese Zeit eine der ersten Aktiengesellschaften der Textilindustrie, um die beiden 34 zu 14, 13 zu 9 Achsen großen, viergeschossigen Bauten zu finanzieren. Rohstoff- und Brennstoffbezug waren durch etablierte Eisenbahnverbindungen nach Aachen, zum Rhein und in die Kohlenreviere gesichert. 1855 liefen 15.000, 1860 40.000 Spindeln und 45 Webstühle bei 900 Arbeitern (1860). Der Fortschritt in der behutsamen Neunutzung läßt sich an den beiden Bauten ablesen: In den 1960er Jahren beseitigte man beim größeren Trakt, der auch die Dampfmaschinenzentrale beherbergt hatte, sämtliche charakteristischen Details. 1975, bei der Umnutzung des kleineren Baues zur Textilschule, blieben gotisierende Türme und im vierten Obergeschoss Teile der Gusseisenkonstruktion sichtbar.

Wuppertal-Langerfeld, Etikettenweberei

»Obenan in der (Barmer) Industrie stehen die den Weltmarkt beherrschenden Barmer Artikel, wie Kordeln, Spitzen, Litzen, Besatzstoffe, Bänder, Garne, Schnürriemen ....«, so Meyers Konversationslexikon von 1906. 19.000 Arbeiter in 900 Betrieben widmeten sich um 1900 dieser Produktion, dem Jahr, in dem auch der Betrieb der Langerfelder Etikettenweberei entstand. Das schmucklose, kastenartige Backsteingehäuse umschließt die in dichter Aufstellung angeordneten Doppelwebstühle. Die Jaquardaufsätze für die Musterdesigns erreichen fast die Geschossdecken. Rare Besonderheit: In diesem historischen Bau mit den historischen Maschinen produziert heute ein erfolgreiches Unternehmen und demonstriert besser als jedes Museum die Herstellungsweise des charakteristischen Produktes der Stadt Wuppertal.

Wuppertal-Uellendahl, Zwirnerei Hebebrand

Den Winkel zwischen Uellendahler Straße und der ansteigenden Zuwegung zum ehemaligen Mirker Bahnhof beherrschend, hebt sich über rotem Sockel der frisch gereinigte, cremefarbene, runde Eckturm der ehemaligen Zwirnerei Hebebrand empor. Zu beiden Straßen hin erstrecken sich viergeschossige Fabriktrakte. Ihre Fronten sind großzügig mit filigranen Formsteinen gestaltet, im rot-gelben Wechsel umfangen leicht spitzbogige Felder gekoppelte Segment- und Rundbogenfenster. In den Brüstungs- und Zwickelfeldern Terrakotten mit Eichenlaub- und Lorbeerdekor. Dieser innerstädtische Fabrikfassadenprunk umhüllte eine weitere, neben den Barmer Artikeln für die 1851 gewerbereichste Stadt Preußens wichtige Produktionssparte: die Zwirnerei. Für die Erbauungszeit 1881 ist die Firma Hebebrand ein beachtlich frühes Beispiel für die Wahl einer Fabrikarchitektur, die den Produktionscharakter des Bauwerkes zunächst gar nicht in Erscheinung treten lässt, ähnlich übrigens die Seidenbetriebe der Stadt Krefeld.

Rheine, Spinnerei F. A. Kümpers

Unrühmliche Bekanntheit erlangte der historische Baubestand der bedeutenden Rheiner Textilindustrie, als sich das Arbeitsamt der Stadt weigerte, im Wege der Neunutzung das 1898 errichtete »Fabrikschloß« der Baumwollspinnerei, Werk IV, der Firma F. A. Kümpers zu beziehen, es wurde abgerissen. Die seit 1834 bedeutende und mit englischen Unternehmern (H. Jackson) verbundene Baumwollindustrie wird u.a. noch repräsentiert von der Spinnerei, die Kümpers 1899 errichten lässt. Diese mit vier hohen, großzügig durchfensterten Stockwerken versehene und von zwei vorgezogenen Seitenflügeln flankierte Spinnerei mit reduziertem Dekor wird von dem architektonischen »Großunternehmer« Sidney Stott aus Oldham bei Manchester erbaut, der in Rheine nicht weniger als elf Fabriken plant, sich aber auch in den Textilrevieren an der niederländischen Grenze großer Beliebtheit erfreut.

Gronau, Baumwollspinnerei

In Gronau, wo die niederländische Baumwollproduktion quasi über die Grenze »lappt«, entstand vorzugsweise aus zolltariflichen Gründen eine maßgeblich von der Familie van Delden in Gang gebrachte Baumwollindustrie. Konsequenterweise treten auch holländische Architekten auf den Plan. 1892 errichtet der Enscheder Gerrit Beltmann für den Van-Delden-Konzern die »A«-Fabrik, eine viergeschossige Baumwollspinnerei mit einem Treppenhausturm, der eine für niederländische Textilfabriken charakteristische Neo-Renaissance-Dachform besitzt. 1993/94 erfolgte eine vom Land subventionierte Neunutzung zum »Wirtschaftszentrum Gronau-WZG«, die dem Bau viel von seiner historischen Aussage belässt. Auch die Werkssiedlungen gleichen sich diesseits und jenseits der Grenze: Die 1927-29 entstandene Siedlung »Morgenstern« von Architekt Grewing hat frappierende Ähnlichkeit mit dem »tuindorp« (Gartendorf) »Pathmos«, das 1914 bis 1927 von W. K. de Lijs entworfen wurde. Beide entstanden in städtischer, nicht in Werksregie.

Ochtrup, Verwaltungsgebäude der Spinnerei Gebr. Laurenz

1893 entwirft wiederum der niederländische Architekt Gerrit Beltmann, der für Fabriken in Gronau wie im holländischen Enschede verantwortlich zeichnet, den Gebrüdern Laurenz ein Verwaltungsgebäude für ihre 1864 gegründete Spinnerei. Der in prächtigsten Formen einer niederländischen Neorenaissance gehaltene Bau steht als Überraschungseffekt in dem eher unspektakulären kleinen Ort Ochtrup. Er ist bis in die Details erhalten, aber weitgehend ungenutzt. Die Firma hielt in der Folge den Anspruch an die Werksarchitektur hoch: Der Hauptbau ist flankiert von einem ebenfalls das Motiv Rot-Weiß einsetzenden Wasserturmtrakt, 1909 von Hubert Holtmann aus Münster mit Jugendstilanklängen entworfen, und auf der anderen Seite von einem elegant geschwungenen Lager/Empfangstrakt von Dominikus Böhm, 1947. Seit längerem liegt hier eine Umnutzungsplanung zum Rathaus vor.

Gescher, Spinnerei Huesker

Der siebzehn Achsen breite, über Sockelgeschoss drei Geschosse hohe, und einen fünfstöckigen Turm aufweisende Bau verbindet klare Zweckarchitektur mit dem sicher gesetzten Farbeffekt des Wechsels von roten Backsteinflächen und gelb gehaltenen Architekturgliederungen wie Stichbögen, Konsolfriesen und Zickzack-Gesimsbändern. Auffallend auch die großzügige Durchfensterung des 1905 errichteten Baues. Die zinnenartig über die Traufe des Flachdaches gezogenen Lisenen mit ihren Spitzbedachungen stellen das einzige, fast verspielt wirkende Ziermotiv dieses klaren Funktionsbaues dar. Nach englischem Vorbild sind die saalartige Maschinenhalle und das Kesselhaus mittig an der Rückfront angesetzt. Man hätte sich den Bau als Sitz der Textilaußenstelle des Westfälischen Industriemuseums gewünscht, dies hätte vielleicht den Neubau in Bocholt ersparen können.

Wuppertal-Nordstadt, »Goldzack« Textilfabrik

Zur Reaktion der stets Schwankungen unterworfenen Absatzlage Wuppertaler Textilunternehmen gehört häufig die Entwicklung neuer Produkte: So war die Aufnahme gummielastischer Gewebe eine solche Antwort auf ausbleibende Orders für traditionellere Produkte. Sie wurden bereits um die 1830er Jahre eingeführt. Später wich man auch auf Gasschläuche, Telefonschnüre und Elektrokabel aus, die lange Zeit textile Umspinnungen trugen. Der Herstellung gummidurchzogener Baumwollbänder für die Bekleidung diente die 1910 in das ab 1870 entstandene Quartier der Elberfelder Nordstadt als fünfgeschossiger, in klaren Linien gefügter Stahlbeton-Fabrikbau hineingesetzte Produktionsstätte der »Goldzack«-Fabrik (so der Markenname). Das Mansarddach unterbricht über zehn Achsen der reich durchfensterten Fassade ein am oberen Abschluss geschwungener Giebel. Das 1974 aufgegebene Gebäude erwarb die Stadt und wandelte es mit Landeshilfe in einen bis heute gut funktionierenden Gewerbehof um. Diese Lösung hat den Vorteil, die Beschäftigten in ihrer angestammten Wohnumgebung zu belassen.

Mönchengladbach-Rheydt, Baumwollspinnerei Emil Schmölder

Mönchengladbach, das lange Zeit so genannte »Deutsche Manchester« ist nicht eben reich an unversehrten, architektonisch überzeugenden Belegen seiner einstigen wirtschaftlichen Größe. Nach der Gladbacher Aktienspinnerei und Weberei von 1854/55 (vgl. S. 140) ist die 1905/06 errichtete Spinnerei Schmölder einer der wenigen Bauten, die den Gestaltungsanspruch der Leitbranche der Stadt überzeugend architektonisch verdeutlichen können. Ein 1913 veröffentlichtes Lehrbuch der Textilfabrik-Konstruktion nennt es den »Gustavsburger Werkstättenstil« (nach dem Werk Gustavsburg der Maschinenfabrik Augsburg-Nürnberg-MAN), den die interessante Straßenfront des Rheydter Werkes zeige: Ein leicht gewinkeltes Oval als Dachlinie ist zwischen die zwei Türme für Wasserspeicherung und Staubabfuhr gespannt. Vier breite Rundbogenfenster sitzen in der deutlich vom Jugendstil beeinflussten Front der Vorbereitungsräume. Die Spinnsäle schließen seitlich an. Wie im Bergbau Nordrhein-Westfalens, ist auch die Textilindustrie nicht eben reich an Jugendstilarchitekturen. Schmölders ist ein qualitätvolles Beispiel. Der progressiven Architekturwahl entspricht auch der frühe Einsatz elektrischer Einzelantriebe für die Spinnmaschinen in diesem Betrieb. Der dominante Anspruch der Straßenfassade bleibt auch in der Neunutzung zu Einzelhandelszwecke klar ersichtlich.

Bielefeld, Hemdenfabrik Baumhöfener & Heise (Dornbusch)

Seit etwa 1820 diente die Anfertigung von Herrenwäsche als Ausweichbeschäftigung freigesetzter Leinenarbeiterinnen. Diese – Luxusbedürfnissen dienende – Wäsche wurde zunehmend nicht mehr aus Frankreich oder England bezogen. Einige später namhafte Firmen dieser neuen Branche nahmen ihren Ausgang von Bielefeld. Kragen und Manschetten wurden zunehmend als »abnehmbare« Teile des Herrenhemdes gefertigt, sie kamen gestärkt auf den Markt. 1891 errichtete die erfolgreiche Unternehmung Baumhöfener & Heise den ersten Fabrikneubau für Hemdenherstellung in Bielefeld. Bereits 1900-1902 erweiterte man die Fabrik. In Sichtweite des Hauptbahnhofes kam schließlich 1906 die von Architekt Kramer entworfene, 75 Meter breite zur Feilenstraße gewandte Hauptfabrik hinzu. Um den eng platzierten Näherinnen den vorgeschriebenen Luftraum zu gewähren, wählte man fünf Meter hohe Räume und belichtete sie über raumhohe Fenster, die, doppelschossig zusammengefasst, die Fassade dominieren, die überragt wird von einem der beiden Wasserhochbehälter der Fabrik für Brandschutzzwecke. Bei der Neunutzung bekam der Hauptturm wieder die ursprüngliche Dachform.

Kerken-Nieukerk, Seidenweberei Michels

Von Krefeld geht die Seidenweberei Michels nach Nowawes bei Potsdam, um sich »dem neuen, dem großen Konsum« der Reichshauptstadt folgend, 1912 nahe dem großstädtischen Markt von Hermann Muthesius eine vielbewunderte Fabrik errichten zu lassen, einen Vorläufer von Corbusiers »usine verte«. Nur acht Jahre später, in den kargen Zeiten nach dem Weltkrieg, geht man zurück in die rheinische Provinz und baut wieder, auch wieder mit Muthesius. Er setzt an den flachen Niederrhein eine verkleinerte Replik der Potsdamer Anlage. Größer geworden sind allerdings die Löwen, das Markenzeichen der Firma Michels, die von einem kleinen Signet in Potsdam nun zu vollplastischen Backsteinskulpturen geworden sind, die den modern-klassischen Dreiecksgiebel flankieren. Die Fabrikfront staffelt sich harmonisch in Grund- und Aufriss. Glücklicherweise verändert die Neunutzung der 1982 an die Gemeinde verkauften Fabrik nichts. Hier hat ein Meisterarchitekt mit den sparsamen Mitteln der Nachkriegszeit ein Meisterwerk – sich selber zitierend – geschaffen.

Aachen, Schirmfabrik Brauer

Außergewöhnlich qualitätvoll im Kontext der Aachener Fabrikarchitektur des 20. Jahrhunderts ist die 1928 von Josef Bachmann (um 1905 zeitweise im gleichen Atelier mit Mies van der Rohe beschäftigt) errichtete »größte Schirmfabrik der Welt«. Außergewöhnlich ist aber auch die Behutsamkeit der Umnutzung zum Zwecke der Einrichtung eines Museums moderner Kunst. Bachmann hatte 1928 auf dem Gelände der ehemaligen Kesselfabrik Piedboeuf ein Shedhalle mit zwei- bzw. dreistöckigen verklinkerten Stahlbetongeschossbauten umgeben, deren straßenseitige Ecke im Viertelkreis gerundet ist. Der Wechsel zwischen gelber und roter Verklinkerung gliedert die Fronten. Gerasterte Fensterbänder betonen die Horizontalwirkung der Fabrik. Die Nutzung als Museum erhält die Raumstruktur weitestgehend. Die ehemalige Zweigeschossigkeit des Umfassungsbaues blieb als Stützen-Balken-Raster erhalten.

Krefeld, Werksteile der Vereinigten Seidenwebereien AG

Wie für viele namhafte Architekten der Moderne, war der Fabrikbau auch für Mies van der Rohe eine eher ungewöhnliche Entwurfsaufgabe. Wohl durch seine Verbindung zur Seidenindustrie (Ausgestaltung der Abteilung »Deutsche Seide« auf der Weltausstellung in Barcelona 1929) und den sich gleichzeitig daraus ergebenden Auftrag, den beiden Krefelder Seidenfabrikanten Esters und Lange Wohnhäuser zu bauen, kam es zu Mies' einzigem Fabrikbau. 1931 entstand der zweigeschossige Verwaltungstrakt mit zwischen die Stützen gespannten, querrechteckigen, zu Bändern geformten Fensterflächen des HE (=Herrenfutterstoffe)-Gebäudes. Rückwärtig schließen die vier Shedstaffeln der Färberei an. Die Anlage wurde bald darauf ergänzt durch ein Kesselhaus, die Aufstockung des Verwaltungsgebäudes in Abstimmung mit Mies van der Rohe und den Zubau eines Uhrturmtraktes (sogenannte »Warendurchsicht«) durch die Werksbauabteilung. Beide Bauten sind im Norden verbunden. Einige weitere, von Erich Holthoff geplante Zubauten runden das Fabrikensemble ab, das in der Fabrikarchitektur der Seidenstadt einen nicht mehr erreichten Höhepunkt darstellt.

Bielefeld, Luftwaffenbekleidungsamt

Der 1938-40 errichtete umfängliche Komplex des Luftwaffenbekleidungsamtes knüpft an die in Bielefeld beheimatete Konfektionsindustrie an und lenkt die Aufmerksamkeit darauf, dass das Wohl und Wehe der Textilindustrie immer wieder in enger Abhängigkeit vom Militärwesen stand, nicht anders als Stahlfabrikation und Maschinenbau auch. Die Einrichtung war eine von nur drei solcher Institutionen im deutschen Reich, von Professor P. Klotzbach für das Reichsluftfahrtministerium geplant. Die Größe wird erklärlich, wenn man weiß, dass bis zu 1.250 Menschen hier tätig waren. An der Eisenbahnlinie ausgerichtet, sorgt eine zweigleisige Verladehalle für die Transportanbindung. Die meist dreigeschossigen Bauten sind um einen Innenhof gruppiert und weisen zusätzliche Flügel auf.

Viersen, Lohbusch-Brauerei

1820 besaß das kleine Städtchen Viersen, das es auch 1865 erst auf 14.000 Einwohner brachte, dreizehn Brauereien und siebzehn Schnapsbrennereien. Dieser durchaus repräsentative Zustand des frühen 19. Jahrhunderts sollte sich erst mit der Einführung der Dampfmaschine und vor allem mit der Entwicklung maschinengestützter Kühltechnik ab etwa 1880 zu Gunsten weniger, größerer und leistungsfähigerer Betriebseinheiten ändern, die sich dann auch nicht selten stolz »Dampfbrauereien« nannten. 1854 entsteht an der Dülkener Straße eine Malzdarre. Ab 1873 betreibt Anton Lohbusch den Brauereibetrieb, er errichtet 1884 den noch heute bestehenden Dampfschornstein. Ein Jahr vor der Jahrhundertwende entsteht aber dann mit dem neuen Sudhaus ein Gebäudetypus, wie er hundertfach dem Passanten die Existenz einer Brauerei verkünden sollte: Im Grundgeschoss des turmartigen Baues öffnen große Fenster den Blick auf die appetitlichen Kupferkessel der Sudhalle. Brauereiarchitektur ist damit zur Werbung für das Produkt geworden. Dieses Muster sollte lange Gültigkeit haben.

Köln-Kalk »Zechenbrauerei« Sünner

Von einer kurzlebigen Braunkohlenzeche nebenan entlehnte die 1859 an neuem Standort fortgeführte Brauerei Sünner ihren Namen, der seit 1888/89 an der Traufe des in jenem Jahr errichteten, dreigeschossigen Sudhauses prangt. Wie es sich gehörte, öffnete sich auch hier der Raum mit den Sudpfannen mit großer (seit 1959 moderner) Fensterfront zur Straße. Zwei-Stufengiebel leiten über zu den grauen Schlackenstein-Seiten des Gebäudes. Östlich ragt der Turm für das Brauwasser empor. Im Inneren der allseitig gut wahrnehmbaren Brauerei überrascht eine wohlgepflegte Dampfmaschine der Chemnitzer Maschinenfabrik Germania von 1889 für den Kühlbetrieb und die Stromerzeugung. 1960 entstand in seiner jetzigen Form das Sudhaus in einheitlicher Neugestaltung. Die gesamte Anlage dient der Familie Sünner in fünfter Generation als Brau- und Brennstätte und ist in ihrem liebevoll gepflegten Zustand der Beweis, dass historische Produktionsarchitektur prosperierendem Betrieb nicht im Wege steht, vielmehr die Anmutung des Produktes markenzeichenartig erhöht.

Herne-Wanne-Eickel, Brauerei Hülsmann

Einer der ältesten Brauereibetriebe des Ruhrgebietes war die Familienbrauerei Hülsmann, deren Bier bereits im 18. Jahrhundert bis ins Münsterland gelangte. Die Schließung 1989 und der folgende Abbruch der Betriebsgebäude hinterließ in der Ortsmitte von Eickel eine gähnende Lücke, die heute großenteils mit um einen Gartenhof gruppierter Wohnarchitektur geschlossen ist. Als städtebaulicher Schwer- und urbaner Sammelpunkt entstand im Sud- und Treberhaus 1996 das Bürgerhaus Eickel. Der turmartig höhere und der mit einem Ovalerker unter Dreiecksgiebel geöffnete kleinere Bauteil sind, abweichend von der bis zum Ersten Weltkrieg eher traditionalistischen Praxis der Brauereien 1910-1913 im vereinfachten Reformstil errichtet, ohne jedoch auf Ornamentik zu verzichten. Lebendig wirkt der Winkel, in dem Treber- und Sudhaus zueinander stehen, deren Umbau in Regie des Herner Hochbauamtes geschah.

Hattingen, Kornmühle Birschel

Am Standort der Kornmühle Birschel gibt es zwei industriegeschichtliche Phänomene zugleich zu betrachten: Einmal ist die Hattinger Schleuse Teil der preußischen Unternehmung, die Ruhr zum Zwecke des Kohle- und Salztransportes schiffbar zu machen. Zum zweiten ist sie nach Wegfall der Schifffahrtsnutzung wegen der Konkurrenz der Eisenbahn, die den Wassertransport ab den 1870er Jahren zum Erliegen brachte (1883 passieren ganze zwei Kohlenschiffe die Hattinger Schleuse), Schauplatz industrieller Nachfolgenutzung: 1902 entsteht die prächtige, fünfgeschossige und zinnenbesteckte Kornmühle, die durch die backsteingelben Lisenen auf ihrer Fassade noch höher erscheint. Winkelförmig umgibt der rot-gelbe Bau die schneeweiße Müllersvilla, die angesichts der klaren Werksarchitekturen verspielt wirkt. Seit 1905 nutzt das betriebseigene Kraftwerk das Schleusengefälle für den modernen Betrieb der »elektrischen Kornmühle mit Silo«.

Neukirchen-Vluyn, Dampfmühle Niehaus

Auf den ersten Blick sieht man der im Winkel errichteten, viereinhalbgeschossigen Anlage gar nicht an, dass sie zwischen 1886, ihrem Erbauungsdatum und 1910 viermal erweitert worden ist. Erst das genauere Hinsehen zeigt die stufenweise Überwindung historistischer Details wie Rundbogenfriese und Ecktürmchen, hin zu vereinfachtem Aufbau vor allem des Mühlenteils. Die ständigen Erweiterungen belegen den Erfolg der Technologie, die ab etwa 1870 peu à peu den Betrieb mit Hilfe der launischen Wind- und Wasserkraft ablösen sollte: des Dampfbetriebes nämlich. Er machte die Mühle nicht nur wetter- sondern auch standortunabhängiger und ließ Hunderte bescheidener, aber werkgerecht-funktional gestalteter Bauten entstehen, die trotz der seit 1900 wachsenden Konkurrenz der am Rhein konzentrierten Großmühlen in der Zwischenkriegszeit noch überlebten und anfangs der fünfziger Jahre ihre letzte Konjunktur hatten.

Düsseldorf-Rheinhafen, Weizenmühle Georg Plange

Das aus kleinen Anfängen des 18. Jahrhunderts in Hamburg in beträchtliche industrielle Größenordnungen gewachsene Unternehmen nutzte die 1904-07 erfolgte Erweiterung des Düsseldorfer Hafens zur Anlage eines Mühlenneubaues für Weizenverarbeitung. An städtebaulich hoch signifikanter Stelle bauen die Hamburger Architekten Raabe und Wöhleke, die bereits die Plangeschen Anlagen in der Hansestadt entworfen hatten, der Stadt ein auffälliges Gegenüber: Der auf Natursteinsockel fünf Backsteingeschosse zählende, kupferhelmbewehrte Turm zeigt über der Uhr einen Adler mit ausgebreiteten Schwingen ähnlich jenem, der ein wenig rheinabwärts das preußische Regierungspräsidium krönt. Die Flankenbauten zur Stadt hin sind nach Kriegszerstörung in den Formen nüchterner Sachlichkeit wiedererrichtet worden. Die Front zum Hafenbecken B zeigt eine imposante Abfolge von Silobauten. Südlich der jugendstilgeprägten Silos von 1906 bauten Heinrich Roskotten und Karl Wach 1929 und 1934 je zehn zylindrische, 23 Meter hohe Stahlbetonsilos, eine für den neu entstehenden Medien- und Kreativhafen Düsseldorfs großartige Kulisse.

Duisburg-Innenhafen, Großmühle Werhahn

Seit der Jahrhundertwende erwächst in dem nun ausgebauten Hafen zu Füßen des Duisburger Zentrums eine Staffel von Silo- und Mühlengebäuden, die dem Innenhafen die Bezeichnung »Brotkorb des Ruhrgebietes« eintragen wird. Zwischen zwei traditionellen, satteldachgedeckten Schüttgutspeichern von 1899 entsteht der hoch ragende Hauptbau der sechsgeschossigen Mühle. Über dem glatten Sockel bilden Betonlisenen eine Kolossalordnung, die in einem Band winkelförmiger Verdachungen endet, wie in den zwanziger Jahren nicht unüblich. Darüber ein glatter, im Osten zweigeschossiger Aufsatz mit einem von lanzettförmigen Fenstern belichteten Turm. Östlich anschließend ein 1938 errichteter, turmartiger Silo- und Vorreinigerbau, in Höhe und Grundriss gestaffelt. Im Westen das Mehlsilo von 1954, das von einem durchfensterten Eckturm überragt wird. Dieser monumental wirkende Komplex verkörpert sechzig Jahre Großmühlenbau und bildet mit seinen Nachbarn eine großartige Staffel, die das Rückgrat des IBA-Projektes Innenhafen und des Norman Fosterschen Masterplanes abgibt. Die Werhahn-Mühle ist die einzige noch ungenutzte Denkmalarchitektur des Innenhafens.

Neuss-Rheinhafen, Hansa-Mühle

Obwohl das eigentliche industrielle Thema des Neusser Hafens die Ölmüllerei ist und noch eine ganze Reihe auf ihr basierender Industrien in zum Teil historischem Baubestand arbeiten, ist das großmaßstäblichste Unternehmen die am Hafenbecken II gelegene Großgetreidemühle Hansamühle, gegründet von Wilhelm Werhahn. Als Weizen-, Roggen- und Roggenschrotmühle entstand sie Anfang der zwanziger Jahre in der klaren Formensprache dieser Zeit als eine der größten Mühlen des Kontinents. Das majestätisch breite, dreißig Achsen messende, verputzte Bauwerk mit starker horizontaler Gliederung zeigt als Vertikalelemente zwei dreiachsige, giebelbekrönte, leicht vorspringende Risalite. Im Süden überragt die Mühle der elfgeschossige Siloturm mit einer außerordentlich wirkungsvollen, aber sehr leichten vierfachen Rückstaffelung der Obergeschosse. Auch das Nordende der Mühle ist von einem – neueren – Siloteil flankiert, den das gleichmäßige Putzbild jedoch anbindet. Die Hansamühle zählt zu den qualitätvollsten Industriebauten der zwanziger Jahre in Deutschland.

Düsseldorf-Bilk, Süßwarenfabrik Ed. Münster

Entlang der nach Neuss führenden Bahnlinie und dieser bewusst eine »mit weißen Glasurverblendsteinen« versehene Front von »propperem Aussehen« gebend, wie es im Bauantrag von 1915 heißt, richtet die Bilker Firma Münster als neuen Standort ein stetig wachsendes, solide gestaltetes Fabrikareal ein, das zunächst der industriellen Lakritze-Erzeugung dient. Dieses in Südeuropa und Russland viel verwendete Mittel gegen Husten und Heiserkeit fand als Medizin und Genussmittel zunehmend auch in Deutschland Verwendung. Als Extrakt der Süssholzwurzel wird es durch Einkochen in Kupferkesseln gewonnen. Dazu schaffte man 1906 einen 10-Atü-Dampfkessel an, für den auch der 35 Meter hohe Schornstein entsteht. Wegen des Lebensmittelcharakters der Produkte sind viele Gebäudeflächen mit weißen Glasurkacheln verblendet, was der Hygiene ebenso dient wie der Werbung mit Hygiene. Während des Ersten Weltkrieges liefert man Marmeladen und Dörrgemüse an Stadt und Militär. Dafür wird das Werk an das Straßenbahnnetz Düsseldorfs angeschlossen. Nach Verlagerung des Betriebs entsteht unter Einbeziehung vieler Anlagenteile ein Atelier- und Bürokomplex.

Rheda-Wiedenbrück, Brennerei Hagedorn

Der kleine Ort Rheda wurde mit dem Anschluss an die Köln-Mindener Eisenbahn 1847 ein auch für überregionale Produktion interessanter Standort, zumal die traditionelle Textilstruktur zum Erliegen gekommen war. Die 1864 erfolgte Niederlassung der aus dem kleinen Ort Herzebroch kommenden Brennerei Hagedorn setzte einen wirtschaftlichen und städtebaulichen Anfangspunkt. Brennereien erbrachten mit ihrem als typisch westfälisch angesehenen Produkt einen beträchtlichen Anteil an der Wertschöpfung. Von den zwanzig Brennereien des damaligen Kreises Wiedenbrück entrichteten allein die beiden Brennereien in Rheda im Jahr 1895 über 20 Prozent der Branntweinsteuer. Im Gegensatz zum Brauereiwesen blieb in der Brennerei der Kleinbetrieb lange vorherrschend, oft im landwirtschaftlichen Nebenbetrieb. Bei Getreide als Rohmaterial konzentrierten sich die gewerblichen Brennereien bald im Westen und Nordwesten Preußens. Um 1900 stand Westfalen mit dem Verbrauch von 350.000 Doppelzentnern Roggen für den Brennereibetrieb weit an der Spitze der deutschen Länder. Der Rhedaer Betrieb dient heute Wohnzwecken.

Kevelaer-Schravelen, Samengroßvertrieb Fehlemann

In der von Kopfweiden und Backsteingehöften dominierten Region des nördlichen Niederrheins überrascht ein verklinkerter Stahlbetonbau in den Formen der Neuen Sachlichkeit den Besucher der kleinen Ortslage Schravelen nahe dem durch seine Wallfahrten berühmten Kevelaer. In seinem Inneren fällt die von Galerien umzogene Halle und das Stirnholzpflaster des Fußbodens auf. Der überraschend moderne Bau kündet von Modernisierungs- und Maschinisierungsprozessen in der Landwirtschaft, in die die Technik in größerem Maße eigentlich erst zwischen den beiden Kriegen Einzug hielt. Hier in Kevelaer wurde Saatgut, zumeist aus den deutschen Saatzuchtzentren um Quedlinburg und Erfurt bezogen, aufbereitet, sortiert, gereinigt und für den Verkauf portioniert. Warum im eher konservativ bestimmten ländlichen Baugeschehen das Unternehmen wohl um die Mitte der dreißiger Jahre einen so markant-modernen, dreischiffigen Stahlbeton-Hallenbau mit turmartigem Kopf errichtet, ist unbekannt.

Mönchengladbach-Wickrath, Wickrather Lederfabrik

Ein weiterer mit dem Agrarsektor verbundener Produktionszweig ist die Lederfabrikation. Mit der Lohgerbetechnik Jahrhunderte hindurch in der Nähe der Rohstofflieferanten angesiedelt, führt die Entwicklung des Einsatzes synthetischer Chemikalien zu einer Vergrößerung der Betriebseinheiten im industriellen Maßstab. Der 1855 begründete Gladbacher Betrieb verkörpert exemplarisch diesen Werdegang. Aus dem Handwerksbetrieb wird noch vor der Jahrhundertwende eine Aktiengesellschaft mit Antwerpener Kapital, das sogar 1898 an die Berliner Börse geht. 1955 arbeiteten hier über 500 Menschen. Aus dem Lohgrubenbetrieb wurde schon 1867 ein dampfmaschinengestützter Produktionsablauf. Von 1894 bis 1945 wurde auch Lackleder gefertigt. 1910 ersetzte die schnellere Chrom- die alte Lohgerbung. Was früher Jahre dauerte, vollzog sich nun in neun Tagen. Heute dominiert vor allem das 1918 bis 1923 fertiggestellte Verwaltungsgebäude das Terrain. Es wurde kürzlich zu Wohn- und Gewerbezwecken umgenutzt. Die imposante Lohe-Lagerhalle von 1939 steht noch leer. Typisch für den Produktionsprozess der Lederfabrik waren die rotierenden Fässer für Gerbe- und Färbvorgänge.

Düsseldorf-Holthausen, Henkel-Werk, »Gesolei«-Saal

Ein vielfältig in das Zeitgeschehen des 20. Jahrhunderts eingebundenes Bauwerk bildet noch heute den architektonisch markanten Auftakt des ausgedehnten Werksgeländes des landläufig vor allem mit bekannten Waschmitteln in Verbindung gebrachten Henkel-Konzerns. Dieser wichtigste chemische Betrieb Düsseldorfs war 1878 in die Stadt gekommen, Gründer Fritz Henkel war bei Bayer in Elberfeld ausgebildet worden. 1899 kam die Waschmittelfirma an den heutigen Standort. Neben »Persil« (=Perborat/Silikat) wurden Leime und Düngemittel hergestellt. 1926 war Henkel auf der großen Düsseldorfer Ausstellung »Gesundheitspflege, soziale Fürsorge und Leibesübungen – Gesolei« mit einem Pavillon von Architekt Furthmann vertreten. Der markante, uhrturmflankierte Bau wurde 1927 vor der heterogenen Werkszone an der Henkelstraße, um einen Theatersaal erweitert, wiedererrichtet, wo er mit dem ebenfalls neu errichteten, turmbekrönten Verwaltungsgebäude eine beeindruckende Straßenfront im Sinne der Neuen Sachlichkeit bildet. Nach 1945 diente er zunächst Theateraufführungen und den Sitzungen des neu zusammengetretenen Landtages des Landes Nordrhein-Westfalen.

Düsseldorf-Hamm, GEG-Seifenfabrik

Als Teil der wirtschaftlichen Autarkiepolitik der seit 1870 entstandenen, sich seit 1880 stärker auf die Interessen der Arbeiter ausrichtenden und um 1900 von einer Kredit- zu einer Konsumgenossenschaftsbewegung entwickelnden Konsumvereine entstand 1913-15 am Düsseldorfer Hafen eine Seifenfabrik. Waren schon vor der Jahrhundertwende Betriebe wie Bäckereien oder Metzgereien entstanden, so befördert die Gründung einer »Großeinkaufsgenossenschaft Deutscher Consumvereine« 1894 die Gründung größerer eigener Unternehmungen, nachdem zunächst der günstige Mengenbezug von außen dominiert hatte. Nach englischem Vorbild entstand in Düsseldorf die zweite deutsche Seifenfabrik der GEG (die erste 1905 in Riesa/Sachsen). Vom renommierten Industriearchitekten Salzmann ließ man sich einen wasserturmüberhöhten Flügelbau errichten, in dem in zwölf Siedekesseln von 800 Kilogramm Fassungsvermögen die Seife entstand. Die Ecken des Baublocks sind betont durch leicht vorspringende, ursprünglich turmartig erhöhte Bauteile. Die Unternehmung galt bei Inbetriebnahme als »modernste Seifenfabrik der Welt«. Auch Waschpulver wurde produziert.

Köln-Braunsfeld, »Sidol«-Werk Siegel & Co.

Ähnlich wie der Begriff »Persil« verbindet sich mit »Sidol« das, was in England »a household word« heißt, ein jedermann seit langem vertrautes Produkt der chemischen Industrie. Das gilt sicher nicht in gleichem Maße für die Produktionsstätte selbst. Der Werkskomplex der Siegel-Werke an der Braunsfelder Eupener Straße ist ein herausragendes, wohl erhaltenes Beispiel moderner deutscher Zwischenkriegsarchitektur. In der klassischen »Randwanderung« städtischer Industriebetriebe kam das 1903 gegründete Unternehmen 1911 erst nach zweimaligem Umzug nach Braunsfeld. 1926/27 waren Produktpalette und Ausstoß so angewachsen, dass Unternehmer Eugen Wolff Otto Müller-Jena, einen in Köln namhaften, eher konservativen Architekten bewegt, eine einem rationalisierten Fließverfahren genügende, kompromisslos moderne neue Fabrikanlage zu planen. Zum kubischen Wasserhochreservoir hin gestaffelt, entstehen orthogonal angeordnete, mit hellem Putz überzogene Stahlbetonbauten, die von Fensteröffnungen klar gegliedert sind. Nach Einstellung des Betriebes herrscht eine Büro-, Atelier- und Dienstleistungsnutzung, die hoffentlich den Bestand der architekturgeschichtlich bedeutenden Anlage sichern kann. Für Köln ist sie eines der besten Beispiele funktionalistischer Gestaltung, zu der auch die 1936 hinzugefügten Büro- und Empfangsgebäude gehören.

Köln-Ehrenfeld, Fabrik »4711«

»Blau-Gold«-Haus heißt das mit dem Schriftzug »4711« versehene Bürogebäude am Kölner Dom. Auf Blau-Gold stößt auch, wer in Ehrenfeld an Venloer und Vogelsangstraße das seit 1874 bereits von dieser Firma genutzte Betriebsgelände aufsucht. Die gleichen Architekten Wilhelm und Sohn Rudolf Koep hatten statt der kriegsbeschädigten Seifenfabrik für die 4711-Firma Ferd. Mülhens zeitgleich mit dem Blau-Gold-Haus ab 1950 eine aus einem Guss gestaltete Werksanlage Zug um Zug realisiert. Das viergeschossige Lager- und Verwaltungsgebäude mit dem an die zwanziger Jahre gemahnenden Halbkreis-Schwung stand am Anfang: Eine Stahlbetonkonstruktion mit durchgehend verglaster Vorhangfassade. Alle Fronten zeigen den Farbzweiklang Blau-Gold, die türkisfarbenen Brüstungs-Glasplatten und die goldeloxierten Profile spiegeln die Werbe-Farben der 4711-Flaschenetiketten wider. Der Komplex umschließt mehrere Höfe. Auch die mit elegant geschwungenen Shedbedachungen versehene Halle verdeutlicht den herausgehobenen Rang dieser Nachkrieges-Fabrikarchitektur, der heute uneingeschränkt auch in der neuen Nutzung eines »Barthonia-Forums« sorgsam restauriert fortbesteht.

Bergisch-Gladbach, Papiermühle Dombach

Die Papierherstellung Bergisch-Gladbachs reicht weit in die vorindustrielle Zeit zurück. Unter den Mühlen am Strunderbach entwickelten sich einige als Papierproduktionsorte in das Industriezeitalter weiter. Größter Betrieb der Branche ist die Papierfabrik Zanders, deren Entwicklung stets durch Architektur besonderer Qualität geprägt war. Zu den zur Erbauungszeit viel beachteten Anlagen, die der Erweiterung der prosperierenden Firma dienten, gehörte ein neuer Eckbau am Standort Dombach. Er nimmt in seiner Dachgestalt zitatweise die traditionelle Form des Trockengeschosses der vorindustriellen Papierherstellung auf, was dem längst maschinellen Betrieb technisch nicht mehr entsprach. In dem historischen und modernen Industriebauten gewidmeten Heft der Mitteilungen des Rheinischen Vereins für Denkmalpflege betont der Architekt Ludwig Bopp, sein 1908 errichteter Bau solle praktischen Zwecken dienen, aber auch seine »landschaftliche Lage berücksichtigen«. Auch mit der Wahl der zum Bau verwendeten Kalksteine eines nahen Steinbruchs kommt man den Forderungen der Heimatschutzbewegung bis auf den Buchstaben nach. Im Hauptwerk Zanders noch weitere bedeutende Industriebauten. Die Dombach ist heute Sitz einer Außenstelle des Rheinischen Industriemuseums.

Wermelskirchen, Herrenschuhfabrik Flöring

Die Herstellung von Schäften, also der Oberteile von Stiefeln oder Schuhen, war einer der wenigen früh maschinisierten Teile der Schuhproduktion. Unter den in Wermelskirchen inklusive einer einschlägigen Fachschule zahlreich angesiedelten Betrieben rund um den Schuh, in denen außer Leder auch Stoffe und Gummizüge verarbeitet wurden, entwickelte sich die 1889 gegründete Schaftfabrik des 1881 aus Barmen zugewanderten Adolf Flöring zu einer Fertigungsstätte kompletter Schuhe. 1908 führte der Sohn des Gründers amerikanische Fertigungsmethoden zur Herrenschuhherstellung ein. Der 1910 und 1913 erweiterte Fabrikbestand verlangte nach Beendigung des Ruhrkampfes nach weiterer Vergrößerung. 1927 begann der Bau der heutigen Fabrik, 1934 arbeiteten hier über 1.000 Personen. Rahmen und sogenannte »Mackay«-Schuhe gingen auch ins Ausland. Amerikanisch inspiriert scheint auch die Architektur des Neubaues gewesen zu sein. Der reklamehaft wie ein Signalmast aufragende Uhrturm trägt vertikal den Firmennamen. Vor die Front der dreigeschossigen Fabrik schieben sich stark vorspringende Treppenhaus- und Sanitärtrakte, die die Produktionsgeschosse freihalten sollten. Der Frankfurter Architekt Groh hatte 1927 auch in seiner Heimatstadt eine ähnlich qualitätvolle Schuhfabrik errichtet. Für Wermelskirchen hat diese Architektur herausragende Bedeutung.

Mettmann, Besteckfabrik Konak

In das typische Kleineisengewerbe des Bergischen Landes (Solingen: Schneidwaren, Velbert: Schlösser, Remscheid: Werkzeug) fügt sich die Besteckfabrik Konak ein, ragt aber durch die fabrikmäßige Größenordnung aus dem Muster der Werkstätten und Kleinfabriken heraus. 1921 beantragt der Düsseldorfer Architekt Kurhaupt einen viergeschossigen Bau von 20 zu 35 Metern Grundfläche. Holzbogenbinder formen ein flaches Tonnendach von 19,5 Metern Spannweite, das für die Passanten hinter einer hohen Attika-Blende verschwindet. An den Eckpunkten des Gebäudes wird diese durch Türmchen-Aufbauten betont, an der Nordwest-Ecke wird der Bau durch einen produktionsbedingten Schornstein überhöht. Über dem hohen Sockel des ansprechend gestalteten Baukörpers zwischen engen Pfeilerstellungen schmale Fensterbänder, im vierten Geschoss als Rundbogenöffnungen. Die Gebäudeecken turmartig betont. Das heute von einer Radiostation genutzte Bauwerk repräsentiert qualitätvolle Fabrikarchitektur der Zwischenkriegszeit.

Schmallenberg-Fleckenberg, Besteckfabrik Hesse

Während die Konak-Fabrik in Mettmann die modernen Bedingungen fabrikmäßigen Betriebes (Staffeln von Pressen, Schneide-, Schleif- und Poliermaschinen) bei der Besteckherstellung repräsentiert und in der Gebäudegestalt zum Ausdruck bringt, zeigt die Besteckfabrik Hesse, an der Lenne gelegen und von ihr mit Turbinenkraftantrieb versehen, die kleinteilige, noch nicht stark arbeitsteilig organisierte Produktionsform mit handwerklichem Gepräge. Auch hier kommt dies durch die Gestalt des mit 1865 datierten, dreigeschossigen Gebäudes zum Ausdruck. Im Gegensatz zu der nicht regional bezogenen Moderne des Mettmanner Baues zeigt sich hier in der Materialverwendung (Fachwerk, Verschieferung) der lokale Charakter, sieht man einmal von der ungewöhnlichen Backsteinausfachung
3 | ab. Besonderheit der Fabrik: Hier haben sich zur Gänze alle Betriebseinrichtungen von der Kraftmaschine (»Ossberger«-Turbine), Transmissionen sowie sämtliche Arbeitsmaschinen erhalten, die den gesamten Produktionshergang noch heute verdeutlichen. Als »Technisches Museum Besteckfabrik« öffnet das Haus noch im Jahr 2000 seine Pforten.

Köln-Ehrenfeld, Elektrowerk Helios

Für den Reisenden ein Rätsel: Hart südlich der nach Aachen führenden Bahnstrecke schickt ein hochragender Leuchtturm seine Strahlen über das nun wahrlich meeresferne Köln: Die Antwort liegt in der Produktionspalette der Unternehmung, die diesen Turm zwischen 1890 und 1900 in den Kölner Himmel wachsen ließ. Es war die 1884 als Aktiengesellschaft gegründete Firma »Helios AG für elektrisches Licht und Telegrafenbau«. In der von Anfang an (1891) auf die zukunftsträchtige Form des Wechselstromes setzenden Stadt (vgl. S. 71) entwickelt sich das Unternehmen, das entsprechende Ausrüstungen lieferte, schnell. Ein Produkttyp war dann tatsächlich auch das elektrifizierte Leuchtfeuer für Leuchttürme. Das um 1900 erbaute Verwaltungsgebäude unterstreicht die Bedeutung der Firma. Im Lichthof erhebt sich eine auf eine Galerie führende, zweiläufige Gusseisentreppe. Das Leuchtturmmotiv der heute neuen Nutzungen dienenden Fabrik erinnert an den von Anfang an intensiv einsetzenden Werbestil der Elektrizitätswirtschaft.

Herne, Produktionsgebäude der Firma Flottmann

Eine durch die Medien bekannt gewordene, neu genutzte Produktionsarchitektur sind die durch wöchentliche Sendungen des westdeutschen Rundfunks bekannten »Flottmann-Hallen«, Teil der 1872 in Bochum gegründeten, 1902 nach Herne verlagerten Flottmann-Werke. Ihre Produktion war für den Bergbau von großer Bedeutung. Als Spezialunternehmen des Maschinenbaus lieferten sie u.a. Kompressoren und Gesteinshämmer. Bei der Maschinisierung der Untertagearbeit durch den Drucklufthammer zögerlich vor dem Ersten Weltkrieg, aber 1938 mit nahezu 90 Prozent an der Förderung beteiligt, spielte die Firma Flottmann eine große Rolle. 1908 entstand der diversifizierte Hallenkomplex mit den vom Jugendstil beeinflußten Giebelfronten. Seit 1984 wurde der Komplex mit Landeshilfe als Sport- und Veranstaltungszentrum eingerichtet.

Hilden, Stanz- und Ziehteilebetrieb Herzog

Neben der Textilindustrie spielte für die Stadt an der Itter die Zieherei, Giesserei, Schwarzblechklempnerei, Prägerei und andere Formen der Metallbearbeitung seit dem 19. Jahrhundert die bedeutendste Rolle. Vermutlich wegen dieses betrieblichen Umfeldes verlegt die Firma Albert Herzog, Stanz- und Ziehteile, ihren Betrieb 1950 aus Düsseldorf-Reisholz nach Hilden. 1955 erbaut der Düsseldorfer Architekt Wilhelm Delor einen erstaunlich leichten, auf den ersten Blick nicht unbedingt eine industrielle Produktionsstätte ahnen lassenden Flachbau. Der weiß geschlemmte, mit Stahlprofil-Fensterflächen belichtete Baukörper mutet wie eine ausgedehnte Tankstellenanlage an. Am Ende einer eingeschossigen Werkhalle schiebt sich ein halbrund geschlossener Trakt vor, dem nach Rücksprung hinter einer Dachterrasse ein leicht konisch verglaster Rundraum aufgesetzt ist. Ursprünglich führte eine elegant geschwungene Freitreppe von hier nach unten. Form und Umriss gemahnen stark an das berühmte »Dampfermotiv« in der Architektur der Moderne. Die Firma Herzog ist eine der schwungvollsten Betriebsarchitekturen der fünfziger Jahre.

Ratingen-Lintorf, Hoffmann-Werke

Fabrikarchitektur und Produkt verbinden sich hier aus heutiger Sicht zu einer intensiven Assoziation mit den fünfziger Jahren: Seit 1950 fertigt Unternehmer Jakob Oswald Hoffmann in deutscher Alleinlizenz für die erste Motorisierungswelle der Nachkriegszeit in Deutschland »Vespa«-Motorroller. Seit 1945 hatte eine Solinger Firma in dem auf das Jahr 1913 zurückgehenden Industrieareal Fahrräder produziert, ab 1948 baut die »Solifa – Solinger Fahrradfabrik« leichte Motorräder. 1949/50 entstehen nach Plänen des Düsseldorfer Architekten Kuhne Montage- und Versandhallen, 1952 arbeiteten hier über 800 Menschen. 1954 gab es eine vorübergehende Stilllegung, bis 1956 wurde weiter produziert. Danach verlief die Individualmotorisierung der Deutschen zunehmend über vierrädrige Verkehrsmittel. Die heute neu genutzte Architektur der Hoffmann-Werke hält mit Produkt und Architektur die Erinnerung wach an die ökonomische Aufbruchsphase nach dem Zweiten Weltkrieg.

TYPEN DER TECHNIK
VERSORGUNGSBAUTEN

Herne-Holsterhausen, Trockengasbehälter Stickstoffwerk Hibernia

Obwohl Gas zu den am frühesten in technischen Netzwerken verteilten Medien gehört, haben sich nicht viele materielle Zeugen dieser Frühgeschichte erhalten. Am ehesten sind es die großvolumigen Sammelbehälter, die eine zwischen Produktion und Verbrauch geschaltete Pufferfunktion hatten, die sich wegen ihrer Größe ins Bewusstsein drängen. Aufgefallen sind sie beispielsweise den Malern der Sachlichkeit in den 1920er Jahren. Neben den städtischen Gaswerken bauten auch Industrieunternehmungen größere Gasbehälter, so z.B. die Zechen oder Hütten für Koks- bzw. Gichtgas aus dem Hochofenbetrieb. Um einen Betriebs-»Gasometer« handelt es sich bei dem 1928 von der Dortmunder Firma Klönne für die Stickstoffwerke Hibernia errichteten Bau. Die Bergbau treibende Hibernia verwertete ihr Zechen-Kokereigas für kohlechemische Prozesse und produzierte Düngemittel, Acetylen und ab 1934 Autotreibgas. Der Gasbehälter markiert nahe der Autobahn A43 gelegen, die Ortslage Herne-Eickel. Er ist eine der wenigen aus den zwanziger Jahre überkommenen Anlagen dieser Art der wasserlosen Scheibengasbehälter. Er besitzt eine charakteristische Lüfterhaube.

Wuppertal-Heckinghausen, Scheibengasbehälter

Drei Generationen von Bauwerken brachten seit Beginn der städtischen Gasversorgung dem Bürger diesen technischen Prozess vor Augen: Kleinere, später größere zylindrische Mauerwerkskörper (heute noch in Berlin, Wien oder Leipzig), gerüsthafte Glocken- oder Teleskopbehälter, die leer filigrane Stützen und Ringe, voll aber Blechzylinder zeigten (denkmalgeschützt in Stuttgart) und seit den zwanziger Jahren sogenannte »Scheibengasbehälter«, auch Trockenbehälter (noch in einer kleinen Zahl erhalten). Scheibengasbehälter sind aus Stahlblech geformte, nahezu zylindrisch erscheinende Vielecke. In dem starren Mantel steigt eine steif konstruierte Scheibe mit der Gasfüllmenge auf und ab. Ölgetränkte Dichtungslippen schließen die Scheibe an den Behälter-Innenmantel an. 1913/14 erhält die MAN ein Patent auf diese Bauart, es entstehen hunderte davon mit unterschiedlichster Kapazität. 1929 ist der größte europäische Behälter der 350.000 Kubikmeter fassende GHH-Gasometer in Oberhausen, seit einigen Jahren als faszinierender Ort für historische Ausstellungen genutzt. 62 Meter hoch ist der 60.000 Kubikmeter fassende Wuppertaler Behälter von 1950 in Heckinghausen. Für die »Landmarke« dieses Stadtteiles wird noch eine Nutzung gesucht.

Leverkusen, Kugelgasbehälter

Die modernste Speicherform einer Technologie, die heute mehr und mehr ohne stählerne Behälter auskommt, da die an Kapazität stark gewachsenen Netze selber große Speichervorräte bergen (analog ist es in der Wasserversorgung) und Erdgas in unterirdischen Kavitäten großen Volumens gespeichert wird (Berliner Untergrundspeicher: 650 Mio. Kubikmeter), hat sich seit Ende der 1920er Jahre in Gestalt kugelförmiger Hochdruckspeicher entwickelt. Die Vorteile liegen auf der Hand: Durch Hochdruckkomprimierung benötigen große Mengen Gas verhältnismäßig kleine Volumina. Zum zweiten erfordern die ohne bewegliche Teile arbeitenden Kugeln wesentlich weniger Wartungsaufwand. In den sechziger Jahren wurden zahlreiche solcher Behälter errichtet. Aus den dreißiger Jahren gibt es noch Beispiele in Bielefeld-Bethel von 1932/34 (genietet) und 1962 (geschweißt) und in Siegen von 1934.

Düsseldorf-Flingern, Gaswerk

Wie in ganz Deutschland üblich, hatte sich auch die Gasversorgung in Düsseldorf auf privatwirtschaftlicher Basis entwickelt. Ab der Mitte des 19. Jahrhunderts brachten dann die Kommunen die Versorgung allmählich in eigene Regie. 1865/66 entstand in Düsseldorf das erste städtische Gaswerk. Weil die Kapazitätsgrenze an der innerstädtischen Luisenstraße erreicht war, eröffnete man 1890 im Osten der Stadt ein weitaus größeres Gaswerk mit einer Tageskapazität von 120.000 Kubikmetern. Das in zwei Abteilungen errichtete Werk hatte ein gemeinsames Retortenhaus mit Vollfeuer-Generator-Öfen und insgesamt über 1.000 Retorten. 1900 arbeiteten hier über 500 Mann. Neben der Beleuchtung diente das Stadtgas nun auch mehr und mehr der Beheizung und dem Gas-Motorantrieb. Der Vielzahl der Retorten wegen stellt sich das Retortenhaus als schmaler, extrem langer Bau im Westen der Anlage dar. Die weiteren Hallenbauten des Gaswerkes sind in gleicher Form gehalten. Rundbogenfenster sitzen in den gelben Wandzonen zwischen Lisenen in rotem Backstein. Mit dieser zweiten Generation am Rande der Stadt besitzt Düsseldorf ein gutes Beispiel großstädtischer Gasversorgung. Aufgewertet wird der Standort durch die Neunutzung des Elektrizitätswerk-Teiles durch die Hauptverwaltung der Düsseldorfer Stadtwerke.

Langenfeld, Gaswäschehaus

Gerade bei den in städtischer Regie errichteten Gaswerken ging große Sorgfalt nicht nur in den technischen, sondern auch den architektonischen Entwurf ein. Auch Langenfeld, eine 1948 zur Stadt gemachte, von der eisenverarbeitenden Industrie wie seine Kreisstadt Mettmann geprägte Kommune, betrieb vom Jahrhundertanfang bis in den Ersten Weltkrieg hinein eine eigenständige Gaserzeugung, für das es ansprechende Baulichkeiten errichtete, wie das um 1905 gebaute Gaswäschehaus mit seinem charakteristischen Lüfter-Laternendach in Mansardform. Der Trockenreinigungsprozss war notwendige Zwischenstation zwischen Rohgaserzeugung und Speicherung.

Köln-Ehrenfeld, Gaswerk-Verwaltungsgebäude

Ab 1875 errichtet die Stadt Köln ihre neue »Gasfabrik« an der Eisenbahn in Ehrenfeld. Stetig wurde hinzu gebaut, bis man Anfang der dreißiger Jahre die Eigenerzeugung von Leuchtgas aufgibt. 1904 errichtet man im Zuge der Erweiterungen ein Verwaltungsgebäude sowie zwei villenartige Dienstwohnungen. Die Straßenfront zur Widdersdorfer Straße bekommt ihre Backsteinflächen belebende Elemente in Werkstein, die Brüstungsfelder zwischen Grund- und Obergeschoss stuckiert man aus mit einem der vielen, gerade an öffentlichen Technikbauten häufig anzutreffenden Beiträge zur Ikonographie des Industriezeitalters. Bürgerlicher Stolz führte dazu, die technischen Errungenschaften auch umzusetzen in Bauzier mit erzählendem Charakter. Das Kölner Elektrizitätswerk zeigt sogar ein abgewandeltes Zitat des Philosophen Heraklit in griechischen Lettern an seinem Elektrizitätswerk. Berühmt ist das Farbfenster von 1867 im Nürnberger Gaswerk: Es zeigt in märchenhafter Verbrämung Nutzung und Erzeugung des Gases. An der Straßenfassade des Ehrenfelder Gaswerkes stukkiert man eine vorindustrielle Glasretorte auf offener Feuerstelle.

Wesel, Wasserwerk I

Ein Museum ist heute das Wasserwerk 1 der Stadt Wesel an der Lippe südlich der Stadt. Zum 110-jährigen Bestehen hatte das 1996 seit dreißig Jahren stillgelegte Werk seine Pforten wieder eröffnet. Die Stillstandszeit hatte einen Bestand bewahrt, der zwischen 1880, dem Gründungsjahr und 1905, der Erweiterungsphase zusammengekommen war. Maschinen- und Kesselhaus waren verdoppelt worden in sorgsamer Anpassung an die fast zwanzig Jahre ältere Architektur. Wie häufig, bildet das Werk eine nahezu malerische Gebäudegruppe, umgeben von dem aus Hygienegründen von Bebauung frei gehaltenen Brunnengelände. Im Inneren die Technik von 1905: Liegende Zwillings-Verbunddampfmaschine, zwei Kolbenpumpen, Drei-Meter-Schwungrad, einer der beiden Dampfkessel. Dazu ein Gasmotor von 1938. Aus der ersten Phase stammt auch der Sammelbrunnen I und die Saugleitung ins Maschinenhaus. Das Ganze ist ein seltener Fall der integralen Erhaltung von Technik und Technikarchitektur der Anfangsphase zentralisierter städtischer Wasserversorgung.

Köln, Druckpumpenhaus des Wasserwerkes Severin II

Eines der prächtigsten und besterhaltenen großstädtischen Wasserwerke des letzten Jahrhunderts steht in dem Straßendreieck zwischen der Kölner Ohmstraße, Zugweg und Bonner Wall. Im Verbund mit dem bedeutenden Elektrizitätswerk von 1890/91, für das die Firma Helios (vgl. S. 174) die Ausstattung lieferte, stehen die Bauten noch so, wie sie Kölns berühmter Lithograph Scheiner 1902 zeigt: 1900/01 entstehen die fortschrittlich wandglatten Backsteinbauten mit gotisierenden Fensterformen für das Druckpumpen- und Kesselhaus der Erweiterungsstufe des Wasserwerkes. Gleichzeitig baut man den 20.000 Kubikmeter fassenden Erdbehälter in Beton mit seinem sorgfältig wiederhergestellten Einlasshaus, mit seinen zwei Rundtürmen ein kleines Stadttor. Das Kesselhaus neben dem Pumpenhaus geht noch etwas weiter in Richtung Reformarchitektur. Der Bau, der auch dem Elektrizitätswerk diente, zeigt giebelseitig heroische Darstellungen antikisch nackter Heizer, die unerschrocken dem lodernden Kesselfeuer trotzen. Der sorgsam in Schuss gehaltene Bestand repräsentiert ein Großstadtwasserwerk, das auch in der Architekturqualität dem bürgerlichen Stolz auf die zivilisatorischen Leistungen der Stadttechnik entspricht.

Düsseldorf-Stockum, Wasserwerk Duisburg II

Auf Düsseldorfer Rheinuferzonen wich seit 1908 das Wasserwerk des benachteiligt am Unterlauf der hier schon beträchtlich verschmutzten Ruhr liegenden Duisburg aus, das 1875 seine erste Anlage in Duisburg eröffnet hatte. Zwischen 1908 und 1912 entsteht in unbesiedeltem Gelände eine klassizistisch-würdige Nutzarchitektur mit Maschinenhalle, integriertem Kesselhausteil, Werkstättengebäude und kleiner zugehöriger Werkssiedlung entlang des »Wasserwerkswegs«. Die unlängst zum Teil wieder sorgsam renovierte Anlage repräsentiert mit den klassisch ruhigen Dreiecksgiebel-Folgen und der behäbigen Lagerung der Baumassen eine Qualität von Architektur, die sich im Grunde selbst genügt: Nahezu niemand war in der abgeschiedenen Lage im Stande, die gesamte Pracht wahrzunehmen. Aus der Ferne sichtbar ist lediglich der 35 Meter hohe Schornstein.

Düsseldorf-Stockum, Dampfpumpe des Wasserwerks Duisburg II

Das Argument der kaum möglichen Wahrnehmbarkeit gilt in noch stärkerem Maß für den splendiden Innenraum mit seinem kostbar zu nennenden Maschinenbestand. Schon der Portalvorbau besitzt im Inneren eine stuckierte Kassettendecke. Tritt man zwischen zwei symmetrisch angeordneten Windkesseln in den Maschinensaal, erblickt man eine tiefbraun lasierte, aufwendig profilierte hölzerne Kassettendecke. Pilaster gliedern die Längswände, je vier schmale Fenster bilden eine Gruppe und belichten einen Maschinenbestand, der seinesgleichen sucht. Drei stehende Dampfpumpen-Aggregate von 1912 (Thyssen & Co., Mülheim), 1912 (Maschinenfabrik Esslingen) und die abgebildete Maschine von 1914 (Aschersleben Maschinen AG). Die Maschinen stehen mit großzügigem Platz um sich herum in der sorgfältig mit farblich abgesetzten Fliesen gekachelten Halle. Bis vor wenigen Jahren versorgten diese Exemplare des Kraftmaschinenbaues vom Anfang des Jahrhunderts ein Drittel der Bewohner der Großstadt Duisburg mit Trinkwasser.

Köln, Flachboden-Wasserhochbehälter Färbergasse

Wie »Gasometer«, hatten auch Wassertürme die Funktion, Puffer zu sein zwischen der Förderung und dem Verbrauch von Wasser. Die Anordnung von Reservoiren in einer bestimmten Höhe hatte den Zweck, das Trinkwasser mit ausreichendem Druck an die Verbrauchsstellen, die sich zu Ende des 19. Jahrhunderts mehr und mehr in den einzelnen Geschossen der Wohnungen befanden, gelangen zu lassen, eine Größe, die man mit »bürgerlichem Versorgungsdruck« bezeichnete. Der englische Ingenieur Moore entwarf, wie so viele seiner Landsleute in Deutschland, auch in Köln den ersten großen Hochbehälter. Seit 1864 plante er die zentrale Wasserversorgung im Auftrag der Stadt. An der Färbergasse entstand der 34 Meter hohe Behälter von 32 Metern Durchmesser. Das Gusseisen, aus dem man die zwei insgesamt 3.600 Kubikmeter fassenden Behälter konstruierte, musste ob seiner Sprödigkeit an vielen Stellen des Bodens unterstützt werden. So baute man um eine zentrale Wendeltreppe vier konzentrische Innenmauern und quer zu ihnen radial verlaufende Verstärkungsmauern, was dem heute von diesem Turm beherbergten Hotel hoch originelle Raumformen beschert. Der Kölner Turm ist, seit dem Krieg ohne Behälter, einer der wenigen (Krefeld, Mönchengladbach) noch erhaltenen Flachboden-Großbehälter-Unterbauten in Europa.

Remscheid, Wasserturm an der Hochstraße

Die Technikgeschichte des standardisierten Hochbehälterbaues beginnt in Remscheid, das mit der ersten deutschen Trinkwasser-Talsperre ohnehin Pionierleistung bei der Trinkwasserversorgung erbrachte. Beide Werke sind mit dem Namen Otto Intzes, Professor für Wasserbau an der Technischen Hochschule Aachen, verbunden. Er erhielt 1883 ein Patent für den später nach ihm benannten »Intze-Behälter«, ein schmiedeeisernes Reservoir, dessen Boden aus Kugel- und Kegelformen zusammengesetzt ist und große statische Vorteile hat. Der Behälter übt nur noch vertikale Druckkräfte aus, die auf das Schaftmauerwerk übertragen werden können. Der erste Turm erhielt einen zylindrischen Schaft, der wiederum samt Behälter durch einen Außenzylinder umhüllt wurde. 1908 setzte man über den alten, 400 Kubikmeter fassenden Intze-Behälter einen größeren von 1.500 Kubikmetern, und ummantelte wiederum das ganze Bauwerk, in dem der erste Turmschaft bis heute stehengeblieben ist, mit dem jetzt sichtbaren Zylinder-Turm, dessen Dachzone gegenüber der Erbauungszeit vereinfacht wiederhergestellt worden ist.

Oberhausen, Wasserturm Essener Straße

Einen waschechten Intze-Behälter mit dem typischen auskragenden Behälterkopf und konisch eingezogenem Mauerwerksschaft baute sich die Gutehoffnungshütte 1896/97 zur Versorgung ihrer Hochofenwerke in Oberhausen, Sterkrade und Osterfeld sowie der eigenen Zechen. Mit dem Bau eines werkseigenen Wasserwerkes hatte man sich vom Mülheimer Wasserwerk unabhängig gemacht. Der heute ganz alleine und ohne den Kontext des ihn einst umgebenden Hüttenwerkes stehende Turm hat bei 55 Metern Höhe eine Speicherkapazität von 1.000 Kubikmetern. Wie im Industriezusammenhang üblich, hatte man auf eine Ummantelung des Kopfes verzichtet. Sie war bei städtischen Wassertürmen üblich, um das Trinkwasser vor qualitätsverschlechternden Temperaturschwankungen zu schützen. Der Oberhausener Turm wird heute als Büro- und Wohnhaus genutzt.

Münster, Am Wasserturm, Wasserturm

Nicht unüblich war es im 19. Jahrhundert, auf vorhandene Turmbauten, beispielsweise solche mittelalterlicher Befestigungsanlagen, zur Unterbringung von Hochbehältern zurückzugreifen. In Bautzen oder Neuss war dies zum Beispiel der Fall. In Münster wurde der so genutzte »Buddenturm« um 1900 zu klein. Deshalb nahm man am 1. Juli 1903 einen neu errichteten Turm in Betrieb, den Stadtbaurat Merkens und Stadtbaumeister Drieße entworfen und ausgeführt hatten. Der 2.500-Kubikmeter-Behälter kam aus der Eschweiler Fabrik F. A. Neumann, die hunderte von Intze-Behältern in Lizenz baute. Auch hier, wie zum Beispiel in Remscheid 1908, überspielt die massiv wirkende Ummantelung des schmiedeeisernen Intze-Behälters die charakteristische Gestalt des Reservoirs, die beispielsweise in Oberhausen unverhüllt zu Tage tritt. In von historischen Bauwerken geprägten Städten neigte man dazu, eine »adäquate« Architektur für den Technikbau zu bieten. Wie in Worms spielt man auch in Münster auf die in dieser Stadt reich vertretene Romanik an. Im Gegensatz zum Wormser Turm, den Horizontalbänder gedrungen machen, verschlanken die Lisenen über Schaft und Kopf den Münsteraner Turm. Gemeinsam ist beiden, wie übrigens auch dem Mannheimer Wasserturm, die sorgsame Werksteinumkleidung.

Essen-Frillendorf, Ernestinenstraße, Wasserturm

Die Betonbauweise für Behälter in der Zwischenkriegszeit eröffnete neue Möglichkeiten: Unbeeinflußt von historischen Stilen, entwirft der für expressionistische backsteinverkleidete Bauten berühmte Edmund Körner (ganz in der Nähe seiner Kirche »Zu den heiligen Schutzengeln« von 1923) im Jahr 1925 für Essen diesen für Westdeutschland raren, hoch expressionistischen Wasserturm. Den zylindrischen Betonbehälter umgibt Körner mit lotrechten Spitzrippen, läßt aber die runden Wandflächen dazwischen leicht konisch zurücktreten. Dieser Effekt ist nahezu sinnenverwirrend, weiß man doch nicht zu sagen, ob Wandflächen oder Spitzgrate lotrecht stehen. Sorgsam sind auch die Fenster- und Türöffnungen positioniert. Flächiger Monotonie beugt Körner nach Art der expressionistischen Wandgestaltung durch unregelmäßig in die Mauer verteilte, vorkragende Fehlbrand-Steine vor. Bauten dieser Ausprägung sind in Westdeutschland selten, häufiger findet man sie in Ost- und Norddeutschland.

Dortmund, Heiliger Weg, Wohnwasserturm

1927 entsteht der 800-Kubikmeter-Betonhochbehälter in Dortmund. Aus einem breit gelagerten, dreigeschossigen Sockelbau emporwachsend, umringen helle Simse vor dem dunkelroten Mauerwerk die unteren sechs Geschosse. Der Behälterteil ist dann geschlossener. Seine glatten Mauerwerksflächen durchbrechen nur schmale Vertikalfenster, die durch kurze helle Querbalken wie verriegelt wirken. Eingefasst ist der Kopf von abgeschragten Gesimsgurten. Der als »Hochhaus am Südbahnhof« bezeichnete Bau wurde von der Reichsbahn für das Bahnbetriebswerk Dortmund-Süd errichtet. Die »Wohngeschosse« dienten als Sozialräume für das Bahnpersonal. Es hatte hier Umkleide-, Wasch- und Aufenthalts-, aber auch Übernachtungsräume. In Dortmund-Körne steht ein zweiter Wohn- und Betriebswasserturm der Bahn aus den dreißiger Jahren. Ein bekannter Wohnwasserturm des Expressionismus ist Bremerhaven-Wulsdorf. Im Dortmunder Turm will demnächst ein Architekten-Team wohnen und arbeiten.

Dortmund-Grevel, Wasserturm »Lanstroper-Ei«

Als wahre »landmark« steht – weithin sichtbar an der nord-östlichen Dortmunder Peripherie – der 1904/05 errichtete, unverkleidete 2000-Kubikmeter-Behälter. Die volkstümliche Bezeichnung »Lanstroper-Ei« charakterisiert sehr gut seine Gestalt. Sie verdankt sich der 1898 einsetzenden »Barkhausen«-Bauweise, die in Weiterentwicklung von Intze jetzt knickfreie Übergänge von Behälterwand und Boden erzielt und alle Behälterpartien frei zugänglich läßt. Der aus Zylinderteil und zwei Halbkugeln von 7.5 Metern Radius gebildete Behälter steht auf einem klar-konstruktiven Standgerüst mit quadratischem Grundriss. Barkhausen hatte seinen ersten Behälter 1899 für die nahe gelegene Zeche Minister Stein gebaut. Obwohl der Greveler Turm industriemäßig wirkt, diente er trotz fehlender Kopfumkleidung der Trinkwasserversorgung der umliegenden Gemeinden bis 1980 und steht heute unter Denkmalschutz.

Velbert, Am Lindenkamp, Wohnhochhaus mit Wasserbehälter

Neben einem klassischen Intze-Behälter von 1903/04 mit 900 Kubikmeter Inhalt verfügt Velbert über einen ungewöhnlichen Bau aus der Nachkriegszeit. Seit 1938 plante man einen dritten Hochbehälter für die städtische Wasserversorgung. 1940 entsteht aber nur ein 500-Kubikmeter-Erdbehälter. Nach Besichtigung eines 1500-Kubikmeter-Behälters mit untergebauten vierzehn Wohnungen im rheinischen Brühl veranstaltete man einen Wettbewerb, den Architekt Hans A. Voß gewann, dessen Entwurf aber wegen »Dominanz des Technischen« verworfen wird. Die Kommune wollte an dem ins Auge gefassten, exponierten Bauplatz keinen »reinen Zweckbau mit technischen Einrichtungen« sehen und erwartete Wahrzeichencharakter von dem neuen Bau. Schließlich realisiert man 1957/58 mit Mitteln des Sozialen Wohnungsbaus auf quadratischem Grundriss einen Bau mit zehn Wohngeschossen und einem zweigeschossigen, zylindrischen Wasserbehälter, dessen unterer Teil von einem Restauranttrakt umgeben ist. Darüber ein offenes Aussichtsgeschoss. Wahrzeichencharakter hat heute das Werkssignet eines der größten für die Velberter Stammbranche der Schlösserherstellung typischen Betriebe an einer quadratisch wie ein »Stirnband« um den Behälter laufenden Blende.

Mülheim-Heissen, Am Wasserturm

Der Bau von Wassertürmen war eine Aufgabe, die vor allem im 20. Jahrhundert immer wieder namhafte Architekten zu Entwürfen gereizt hat. Hatte man bereits zuvor dieser Bauaufgabe städtebauliche Erwägungen gewidmet – zahlreiche Wassertürme markieren Endpunkte neu geplanter Straßenverläufe – so entstehen nach 1900 als Architekturgebilde wichtige, nicht immer ins Stadtgefüge eingebundene Entwürfe von Architekten wie Poelzig, Taut, Mart Stam oder in neuester Zeit Alvaro Siza. Allein in Regie der Mülheim versorgenden, überregionalen Rheinisch-Westfälischen Wasserwerksgesellschaft entsteht 1974 als Ersatzbau für einen von 1907 stammenden Vorgänger (einen der ersten Eisenbetonbehälter) der weithin sichtbare neue Wasserturm. Der nun vierzig Meter hohe Turm (Vorgängerbau 18 Meter) verdeutlicht in vorbildlich klarer Weise den Daseinszweck eines Wasserturms: Ein bestimmtes Quantum Wasser in ausreichender Höhe vorrätig zu halten. Auf schemelartigem, dreibeinigem Untergestell, das unterhalb der Behälter einen Dreiecksrahmen bildet, ruhen drei ineinander geschobene, zylindrische, von Aluminium-Profilblechen glatt umkleidete Behälter von je 500 Kubikmetern Inhalt – eine lakonisch-klare Formulierung der Funktion.

Viersen-Süchteln, Erdbehälter

Als dem Wasserhochbehälter quasi entgegengesetzte Speichertechnik kann man die sogenannten Erdbehälter ansehen, die an möglichst hoch gelegenen Punkten eingetiefte, flächenhafte Reservoire bilden. Einziger architektonisch gestaltbarer Teil ist dabei – vergleichbar mit den Stollenmundlöchern des Bergbaus – das Zugangsbauwerk. Wie bei diesen, verwendet man auch hier sorgsame Mühe auf die Gestaltung dieser »Blende«. 1907 errichtet das Wasserwerksunternehmen Hermann Ehlert einen 400-Kubikmeter-Erdbehälter auf den Süchtelner Höhen. Der konsequent vom Jugendstil geprägte Eingangsbau zeigt auf flankierenden Pilastern rochenartige Wasser-Fabelwesen in Stuck. Zwei schlanke Pfeiler teilen die halbkreisförmige Portalöffnung. Wasserpflanzenverziert, laufen sie zu beiden Seiten der Treppe ausschwingend nach unten. Noch aus der Renaissance stammen die Motive tropfenden Wassers, die seit dieser Zeit an Bauten der Wasserversorgung verwandt werden. Das Bauwerk wurde liebevoll restauriert, obwohl der Behälter seit 1969 nicht mehr im Betrieb steht.

Schwelm, Ennepe-Talsperre

1899 wird der Ruhrtalsperrenverein gegründet, um dem drohenden Zusammenbruch des Wasserversorgungssystems des Ruhrgebiets zuvorzukommen (vgl. S. 70). Nach einem vom Otto Intze entwickelten Prinzip plant man Talsperren an Zuflüssen des Oberlaufs der Ruhr, um ein ausreichendes und gleichmäßigeres Wasseraufkommen des Flusses zu ermöglichen, das die 1901 nicht weniger als 180 Mio. Kubikmeter betragende Entnahmemenge aus der Ruhr ausgleichen sollte. 1902 bis 1904 plant Otto Intze eine seiner vielen Gewichts-Bogenstaumauern, die mit vierzig Metern Höhe 10,3 Mio. Kubikmeter Wasser speichert. Nebenzweck ist die Trinkwasserversorgung der Stadt Schwelm. Zusätzlich speiste die Talsperre das ebenfalls neu errichtete Elektrizitätswerk des Kreises Schwelm in einer Kombination, die nun üblich werden sollte. Der Bau des Ruhr-Talsperrensystems war ebenso wie des Systems der Wupper nur mit Gesetzeshilfe möglich, die zur Bildung genossenschaftlich verfasster Vereinigungen wie dem Ruhrtalsperrenverein führte, mit dessen Beihilfen derart große Anlagen finanziert werden konnten.

Solingen, Sengbach-Talsperre

Die Jahre nach 1890 (1891 erste neuzeitliche Trinkwassertalsperre Remscheid) gelten als das »Jahr-
zehnt des deutschen Talsperrenbaues«. Allein nach Entwürfen von Otto Intze entstehen zwanzig Tal-
sperren, fast alle im Westen Deutschlands. Sorgsame Untersuchungen zu Baumaterial, Baugrund,
Niederschlagsverhältnissen und Statik gehen voraus, hatten doch spektakuläre Sperrmauer-Brüche vor
1890 die Menschen skeptisch gemacht. Wie für die Ruhr, bilden sich auch linksrheinisch in der Eifel
Vereinigungen zum Talsperrenbau – die Rurtalsperren-Gesellschaft – die 1904 die Urft-Talsperre als
damals größte Europas baut. Auch im Flusssystem des Bergischen Landes entsteht mit dem Wup-
perverband eine solche Körperschaft. In alleiniger Regie der Stadt Solingen jedoch errichtet man von
1 | 1900 bis 1903 die Sengbach-Talsperre an einem Seitenfluss der Wupper als System aus Vorbecken und
Hauptsammelbecken. Die auch in baulichen Details unverändert erhaltene Staumauer mit einer Kro-
nenlänge von 180 Metern und 65.000 Kubikmetern Mauermasse (= Intzes »Gewichtsstaumauer«)
staut 30 Mio. Kubikmeter Wasser. Ein Stollen bringt das Wasser zum zugehörigen Elektrizitätswerk.

Krefeld, Abwasser-Reinigungswerk

Bereits Mitte des 19. Jahrhunderts lernte man, dass den Maßnahmen zur Beschaffung einwandfreien Trinkwassers kein Erfolg beschieden war, wenn man sich nicht um eine fachgerechte Abfuhr des Abwassers bemühte. Auch hier wurden in Großbritannien, vor allem Schottland, Erkenntnisse entwickelt, die auf den Kontinent gelangten. Aufklärungsarbeit von Hygienikern wie Robert Koch und Pettenkofer traten hinzu. 1865 bis 1868 baute London das große Abwassersystem, das in zwei gewaltigen Pumpwerken im Osten der Stadt endete, Tempel viktorianischen »engineerings«. Aber auch Deutschland widmete derlei Bauaufgaben nicht nur technische, sondern auch architektonische Sorgfalt. 1910 entstand zwischen Krefeld und dem Rhein im Strang der Abwasserleitung ein Reinigungswerk, das mittels Absetzbecken eine Vorreinigung vornahm. Unter dem geschwungenen Dach mit den plastischen Lüfteraufsätzen dirigierte man das Abwasser zum Sedimentieren in die Becken. Feste Bestandteile wurden mittels Loren über einen seitlichen Bremsberg zum Trockenplatz verfrachtet. Das vom städtischen Architekten Bruggaier (vgl. S. 250) geplante, noch stark vom Jugendstil geprägte Bauwerk ist mit einem sorgfältig restaurierten Putz überzogen, der den Eindruck fallender Wasserkaskaden nachahmt – Hinweis auf den Verwendungszweck des Reinigungswerkes.

Köln-Stammheim, Faulturm der Großkläranlage

Lange Zeit hielt man die mechanische Klärung des Abwassers für ausreichend, wurde aber der zunehmenden Belastung mit organischen Stoffen nicht mehr Herr. Mit die Sedimentierung beschleunigenden chemischen Stoffen hatte man schon gearbeitet: Kalk und Eisenoxyd waren hier hilfreich. Aber schon das 19. Jahrhundert griff zu bakterieller Hilfe. Im »biologischen« Verfahren arbeitete man schon mit Faulkammern und Sauerstoffabschluss. Mitte des 20. Jahrhunderts nahmen dann die »Faultürme« – meist zu Batterien zusammengefasst – ihre charakteristische, später eiformige Gestalt an. In ihnen wandeln Bakterien in anaerober Umgebung durch Gärung organische Stoffe weitgehend in Methangas oder Kohlendioxyd um. 1951 bis 1953 war im Stammheimer Klärwerk eine Batterie von
3 | sechs Faulbehältern mit vieleckiger Umkleidung und Dachaufsätzen entstanden. Einer davon hat denkmalgeschützt und eingebunden in die neue Umbauung eines Kommunikationsgebäudes Verwendung als von außen und innen wahrnehmbarer Stahlbaukörper der Generation biologischer Klärtechnik Verwendung gefunden.

Duisburg-Bruckhausen, Pumpwerk »A« Alte Emscher

Die gefällearme, parallel zu Ruhr und Lippe das spätere Ruhrgebiet von Ost nach West durchfließende Emscher hatte auch in vorindustrieller Zeit durch Überschwemmung Sorgen gemacht. Als dieses Übel aber durch Bergsenkungen in Folge Kohleabbaus ärger wurde und die geballte Abwasserfracht von Montanindustrie und von ihr Beschäftigten immer gewaltiger wurde, musste gehandelt werden. Die 1905 konstituierte Emscher-Genossenschaft wurde zum Zwecke der Vorflutregelung und Abwasserreinigung gegründet (vgl. S. 69). Vorarbeiten liefen ab 1901. Zahlreiche wassertechnische Bauwerke entstanden in der Folge. Schwerwiegende Eingriffe in das Netz der Wasserläufe im Sinne von Kanalisierung und Begradigung wurden vorgenommen. Architektonisch erhob die Genossenschaft einigen Anspruch: Alfred Fischer schuf 1914 den trotz Eintiefung hochwassersicheren, zylinderförmigen Pumpwerkbau und überkuppelte ihn mit einer Stahlbetonhaube, deren Durchmesser (41 m) nur von Max Bergs Breslauer Jahrhunderthalle von 1913 übertroffen war (65 Meter Durchmesser). Unter der gerippten Stahlbetonkuppel pumpte man in einem Raum von fast 25 Metern Höhe aus einem kreisförmig um den Bau angelegten Graben heraus mittels Dieselmotorkraft das Wasser in den Rhein. Die mit einer fünf Meter starken Bodenplatte versehene Halle ist seit 1914 um zwei Meter abgesunken. Heute dient der Bau neben den alten Pump- neuen Informationszwecken.

Heimbach-Hasenfeld, Wasserkraftwerk

Die Landesnatur Nordrhein-Westfalens ermöglicht die Erzeugung von Elektrizität gleichermaßen mit Wasserkraft wie mit thermischer Energie, obwohl von Anfang an angesichts des industriellen Strombedarfs die thermische Energie Vorrang hatte. Dennoch war es eine Pionierleistung des Stadt- und Landkreises Aachen, zusammen mit anderen als »Rurtalsperren GmbH« die erste westdeutsche Überlandzentrale zu begründen. Seit 1905 lieferte Otto Intzes Urft-Talsperre mit über 45 Mio. Kubikmetern die seinerzeit größte Europas, per Stollen die Wasserkraft für das Kraftwerk Heimbach an dem Eifelflüsschen Rur. Zunächst sechs, später acht Francisturbinen nutzten die mit 110 Metern für Mittelgebirge ungewöhnliche Fallhöhe und produzierten via Felten & Guilleaume/Lahmeyer-Generatoren den auf 35.000 Volt hochtransformierten Strom für das Eifeler Verteilernetz. Baulich gilt die Kraftstation als beste Jugendstilarchitektur ihrer Art. In der Tat hat die Anlage, vom Gesamtentwurf bis ins kleinste Detail durchgehalten, eine beachtliche Qualität. Die der Rur zugewandte Unterstromfassade ist ein von einem U-förmigen Bügel umfasstes Queroval, es trägt in Stuck Dynamowicklungen, Turbinenschaufeln und Blitze als Großornament. Zum Kermeterhang zwei wiederhergestellte Turmhauben, ähnlich Intzes schlesischer Kraftstation der Marklissa-Talsperre.

Heimbach-Hasenfeld, Turbinenhalle des Wasserkraftwerks

Das Innere entspricht der Qualität der Gesamtarchitektur. Die zwischen die Hangtürme vor den Transformatoren-Trakt gespannte Schaltempore mit ihrer zweiläufigen Treppe über einem Jugendstil-Oval beherrscht den Raum. Alle Türöffnungen sind eigens entworfene Unikate, tropfenförmige Oberlichter, Beschläge und Holzprofile hochästhetisch. Die Fürsorge für's Detail geht bis in für das normale Auge kaum wahrnehmbare Nuancen: Noch die eisernen Sockel über den Steinkonsolen für die Kranbahn sind mit Schmiedeeisen und Messing-Oval geziert. Pretiöse Lampenkörper sind vor jede Wandvorlage gehängt. Wenn auch die 1974 neu eingebauten stehenden Francis-Turbinen, die die acht historischen Anlagen ersetzten, samt Schalttafel und Fußbodenzone nicht annähernd die außergewöhnliche gestalterische Qualität wiederholen, hat man immerhin zwei Maschinengruppen nächst und nebst der Empore komplett belassen, so dass die nach Anmeldung zugängliche Kraftzentrale, die auch in zwei Stufen äußerlich in Stand gesetzt wurde, als rares Anschauungsobjekt der Gestaltungssorgfalt der frühen Elektrizitätswirtschaft erhalten bleibt.

Mülheim-Raffelberg, Wasserkraftwerk

Um die Stadt Mülheim in einer Weise mit dem Rhein zu verbinden, die den Bedürfnissen des modernen Transportwesens Genüge tat, legte man 1922 bis 1925 den neuen »Großschifffahrtsweg« zu Rhein und Rhein-Herne-Kanal an. Das Gefälle der dafür notwendig werdenden Schleuse Raffelberg von etwa sechs Metern nutzte man zur Anlage einer die Gesamtkosten des Kanals senkenden elektrischen Kraftzentrale. Die für Mülheims Stadtbild bedeutenden Architekten Pfeifer und Großmann (Rathaus, Stadthalle) entwarfen eine riegelartig über den Fluss reichende Turbinenhalle, die von zwei trutzigen Pylonen an beiden Ufern flankiert wird. Hochrechteckige Fensterbahnen und Ochsenaugen belichten den Innenraum. Er ist mit seinen glatten, travertinverkleideten Wandflächen, der kassettierten Decke und der auf mehrfach gekröpften Konsolen aufliegenden Kranbahn sowie angesichts seiner Größenordnung von 50 zu 12 Metern von einem Pathos, das für viele Technikbauten der zwanziger Jahre nicht untypisch ist. Die originalen Briegleb-Hansen-Turbinen von 1922 fügen sich nahtlos diesem Eindruck ein.

Hagen-Hengstey, Laufwasser-Kraftwerk

Ebenfalls im Zusammenhang mit einer übergreifenden wasserbaulichen Anlage, des von dem 1913 gegründeten Ruhrverband 1922 angelegten Stausees Hengstey, der im Sinne einer Kläranlage den Zweck der Herabsetzung der Fließgeschwindigkeit des Flusses hatte, entstand unterhalb des Zusammenflusses von Lenne und Ruhr das Laufwasser-Kraftwerk Hengstey. Das zugehörige Wehr zeigt zwar ähnlich dem Raffelberger Kraftwerk vereinfacht-traditionelle Architekturelemente, so leiten die Wehrpfeiler mittels eines Würfelkapitells zu dem Bedienerhäuschen über, doch wirkt die gesamte Anlage mit ihren vereinfacht-unverbrämt technischen Bestandteilen wesentlich moderner. Weiter oberhalb entstand das Herdecker Pumpspeicher-Kraftwerk, nach dem Erbauer »Koepchen-Werk« genannt, das in verbrauchsarmer Zeit die erzeugte Elektrizität zum Pumpen des Wassers des Hengstey-Sees in ein 160 Meter höher gelegenes Becken pumpte. Es arbeitete von 1930 bis 1980.

Finnentrop-Bamenohl, Wasserkraftwerk

Die oberhalb des Hengstey-Sees in die Ruhr mündende Lenne war Teil des vom Ruhrtalsperren-Verein bewirtschafteten Wassersystems. Mit Vereinshilfe war 1912 die Listertalsperre entstanden, zu deren Füßen die dazu ursprünglich gar nicht gegründete Körperschaft eine elektrische Kraftzentrale errichtete. Nach anfänglichen Problemen, die neue Energie den an direkte Wasserkraftnutzung gewohnten Unternehmen an Lister und Lenne schmackhaft zu machen, wuchs zwischen den Weltkriegen dann der Kraftbedarf aber doch derartig, dass weitere Kraftwerke notwendig erschienen. 1921/22 errichtete man deshalb als zweites Kraftwerk die Station Bamenohl, die Anfang 1923 ihren Betrieb aufnahm und das Talsperren-Kraftwerk an der Lister sinnvoll ergänzte. Das Kraftwerk Bamenohl liegt am Ende eines zwei Kilometer langen Obergrabens, über den es quer gesetzt ist. An der Straße leitet ein turmartiger Bau zum Maschinenraum über. Er ist stromauf über drei Rundbogenportalen mit einer Loggia überbaut. Sorgsames, fast schwarzes Quaderwerk bildet die Wandflächen, Keilsteine rahmen die Portale, bis zur schmiedeeisernen Lampe ein Musterbild des Heimatstils.

Radevormwald-Dahlhausen, Wasserkraftwerk

Nicht nur die Talsperrenvereinigungen nutzten die Wasserkraft zur Stromerzeugung und Verteilung in weite Netze, auch der inselartige Betrieb zur Versorgung eines einzelnen Unternehmens nutzte von Anfang an die neuen Möglichkeiten. Die Unternehmer reisten zu den großen Ausstellungen zur Propagierung der Elektrizität (München 1881, Frankfurt 1891) und planten die Einbeziehung der elektrischen Antriebskraft. Im Tal der Wupper waren seit 1815 die stets wachsenden Komplexe großer Tuchfabriken entstanden (vgl. S. 131, 132). Eine solche war auch die 1830 begründete Unternehmung Adolf Bauendahl. Lange Zeit arbeitete man ausschließlich auf Wasserkraftbasis, zunächst mit Wasserrädern, bald aber mit den leistungsfähigeren Turbinen. Ab der Mitte des 19. Jahrhunderts kam die Dampfmaschine hinzu. Bereits 1881 führte Baumeister Albert Schmidt elektrische Beleuchtung auf Glühlicht-Basis ein. Im Zuge der Modernisierung erneuerte er 1921 die gesamte Wehr- und Kraftanlage, die mit originaler Schaltwand nach Aufgabe des Textilbetriebes weiter Strom erzeugt.

Wuppertal-Buchenhofen, Kraftzentrale des Klärwerks

Eine weitere Möglichkeit der Erzeugung von Elektrizität besteht darin, sich der beim bakteriellen Reinigungsvorgang von Abwasser entstehenden Gase zu bedienen, die Gasmotoren antreiben, mit denen Generatoren betrieben werden können. Auch das 1904 bis 1906 unterhalb der Stadt an der Wupper entstandene Buchenhofener Klärwerk der damals noch selbständigen Städte Barmen und Elberfeld hatte sich in den typischen Technologiestufen entwickelt: 1933/37 ergänzte die Schlammfaulung die bis dahin mechanisch betriebene Klärung der Abwässer, 1947 bis 1957 entstanden drei Schlammfaulbehälter in Stahlbetonweise (vgl. S. 203), denen dann 1956/58 eine Gaskraft-Anlage nachgeschaltet wurde. In der in typischer Architektur der fünfziger Jahre errichteten Halle standen vier MAN-Gasmaschinen, die über Siemens-Generatoren der Stromerzeugung dienten. Die dabei anfallende Abwärme aus Kühlwasser und Abgasen wurde wiederum genutzt, um die Faulbehälter auf die benötigte Temperatur aufzuheizen. Von den vier Maschinensätzen ist das Gas-Dieselaggregat von 1965 erhalten geblieben.

Viersen, Elektrizitätswerk

Mit der Entwicklung des dynamo-elektrischen Prinzips ab 1867 begann die Nutzbarmachung dieser Entdeckung mit dem Ziele einer immer effizienter werdenden elektrischen Krafterzeugung. Amerika ging voraus: 1882 etablierte Thomas Alva Edison in New Yorks Pearl Street die erste innerstädtische Blockstation. Dies geschah in einem Haus, dem man – bis auf die auffällig hohen Blechschornsteine – seinen Zweck nicht ansah. Mit der Ausbreitung der neuen Energie entwickelten sich auch die Architekturen zu spezifischeren Formen. Wie wir es bei der Gasversorgung sahen (vgl. S. 185), wurden auch die Fassaden der E-Werke häufig zu Bilderbibeln der Elektrizität. Besonders bildhaftes – und sorgsam wiederhergestelltes – Beispiel ist die 1905 vollendete Front des Viersener Werkes auf der Rektoratsstraße. Dem Laien werden hier in den Stukaturen der nach niederländischer Manier hell gebänderten Backsteinfassade Bogen- und Glühlampen hoch realistisch demonstriert, letztere sind eingefügt in ein traditionelleren Dekorsystemen entlehntes Rankenwerk.

Frimmersdorf, Schalthaus und Leitstand des ehemaligen Kraftwerks

Bald rückten die immer leistungsfähigeren Kraftzentralen aus den Stadtgefügen heraus und, wo immer möglich, in die unmittelbare Nähe der Antriebsenergie liefernden Kohlelagerstätten oder zumindest an Wasser- und Schienenwege, die den Brennstoffbezug verbilligten. Im Osten wie im Westen Deutschlands geschah das seit dem ersten Jahrzehnt des 20. Jahrhunderts maßgeblich durch Platzieren der Kraftwerke direkt an die im Tagebau rationell zu gewinnende Braunkohle. Zunächst allein für Köln entstand Fortuna I (1910-12), später Fortuna II (1920-22) und III (1953-57), sie bestehen nicht mehr. Weiter nördlich, nahe Grevenbroich, entsteht in Frimmersdorf nach langen Vorplanungen durch ein gemischtwirtschaftliches Unternehmen zwischen Stadt Rheydt und der Deutschen-Continental-Gas-Gesellschaft AG in Dessau (seit 1912) 1925/26 das Kraftwerk Frimmersdorf I. Die AEG mit dem Spitzenmann unter den deutschen Kraftwerksplanern, Georg Klingenberg, realisiert es und erweitert es 1928. Seit 1936 gehört das Werk zum RWE. 1965 wurde es stillgelegt und bis auf die im Verhältnis winzigen Gebäudegruppen zu beiden Seiten der Erftstraße abgebrochen. Dieses zitathafte Vorgehen erscheint angesichts der jetzt anstehenden Abbrüche weiterer Großkraftwerke als den Konzepten einer modernen Industriedenkmalpflege nicht mehr angemessen.

Rheinberg-Wallach, Umspannwerk der Zeche Wallach

Die anfänglichen Blockstationen der Städte hatten geringe Reichweiten. Auch die innerstädtischen Kraftwerke kamen mit wenigen Netzanlagen aus. Mit dem Auseinanderrücken von Erzeugung und Verbrauch wurde der Stromtransport auch über weitere Strecken zur Notwendigkeit. Die Entscheidung für den Wechsel- und Drehstrom hatte rationelle Transformierung ermöglicht. In der Folge stiegen die Spannungen für die Fernübertragung auf 100.000 Volt und mehr. Lange waren die Zeiten vorbei, seit die 175 Kilometer von Lauffen am Neckar zur Elektrotechnischen Ausstellung in Frankfurt mit 15.000 Volt bewältigt worden waren. Da die Transformiertechnik sich entwickelte, gab es keine gravierenden technischen Probleme. Aber es brauchte nun eine neue, eigene Gattung von Bauwerken für die Fernnetze: Transformatoren-Stationen, die die Aggregate vor Witterungseinflüssen schützten und sie vor Berührung abschirmten. Vor allem im »Fernversorgungs-Jahrzehnt« der zwanziger Jahre, wo das System flächendeckend wurde, macht sich vor allem der Deutsche Bund Heimatschutz Gedanken, wie diese neuen Elemente möglichst diskret in die Landschaft eingefügt werden könnten. Die »Trafo-Kirche« des Steinsalzbergwerkes der Solvay (vgl. S. 47) vom Anfang der zwanziger Jahre ist dafür ein gutes Beispiel.

Recklinghausen, Bochumer Straße, Umspannwerk

Die zwanziger Jahre des letzten Jahrhunderts waren neben der Epoche der flächendeckenden Ausbreitung des Stromnetzes in architekturgeschichtlicher Hinsicht auch die Zeit des deutschen Architektur-Expressionismus. Dieser vielfach mit der virtuos gehandhabten Kunst der Backsteinverwendung einhergehende Stil fand offenbar besonders bereitwilligen Eingang in das Feld technischer Architekturen, insbesondere der Elektrizitätstechnik. Sei es, dass das dynamisch-pfeilhafte der Stromverbreitung (der Blitz ist ein in diesem Zusammenhang oft verwendetes Symbol), sei es, dass einfach die Neuartigkeit dieser Technik sich mit der progressivsten Architekturmanier verband – viele der Elektrizitätsbauten sind im Stil des Expressionismus gestaltet. Wenn auch dem Meister dieser Gattung, dem in Berlin tätigen Hans Heinrich Müller (1879-1951) mit seinen BEWAG-Bauten die Krone gebührt, so entstanden doch auch andernorts sehr qualitätvolle »Strom«-Bauten. 1927/28 entstand das 1993 instand gesetzte und ergänzte 110.000-Volt-Umspannwerk der VEW in Recklinghausen, das von 2000 an als Historisches Zentrum geöffnet sein wird.

Remscheid, Schweineschlachthalle des Schlachthofes

Immer zentraler organisierte Versorgungsaufgaben entstanden im Laufe des 19. Jahrhunderts nicht nur im Bereich der Medien Gas, Wasser und Elektrizität (weitere waren Hydraulik, Telegrafie, Telefonie, Druckluft usw.). Auch die Felder der zuvor kleinteiliger gehandhabten Nahrungsmittelversorgung wurden seit Mitte des Jahrhunderts durch die Anlage von Groß- und Stadtteil-Markthallen und zentraler Schlachthöfe hygienisch verbessert und verkehrsgünstiger gestaltet. Die barbarischerweise 1972 zerstörten Großmarkthallen Baltards in Paris waren dafür ein prächtiges Beispiel. Heute herrscht etwas mehr Behutsamkeit. So nutzt der Mitteldeutsche Rundfunk Teile des Leipziger Schlachthofes, der Gothaer Schlachthof dient privaten Zwecken und von Wuppertal bis Karlsruhe finden sich positive Beispiele öffentlicher Weiternutzung. 1888 bis 1890 entstand im Zuge der vorgenannten Bemühungen der an der Bahn Remscheid-Hasten symmetrisch angelegte, zentrale Schlachthof mit der nach Vorbildern vorgenommenen Anordnung der Stall- und Schlachtgebäude. Die Umnutzung zum Gewerbehof hat der Symmetrie der Anlage wieder zu ihrem Recht verholfen. Der ungeteilte Innenraum der Schweineschlachthalle mit ihrer Dachkonstruktion und den Fenstern im Originalzustand vermittelt einen guten Eindruck dieser Zweckarchitektur.

Gelsenkirchen-Heßler, Schlachthof

Ein winziger Knabe reitet am Eingang des Gelsenkirchener Zentralschlachthofes auf einem gewalti-
gen Sandstein-Stier, nicht seltenes Emblem für Baukomplexe dieser Art von Prag bis Brüssel. Archi-
tekt Arend hatte 1908 bis 1913 den sorgfältig um den Eckbau einer Werkswohn-Villa herum grup-
pierten Schlachthof errichtet. Aus der einheitlich mit dunkelbraun-roten Klinkern verblendeten
Baugruppe ragt ein für Schlachthöfe oft üblicher Betriebswasserturm heraus, allerdings hier in unüb-
lich hoher gestalterischer Qualität. Dem zylindrischen Schaftteil ist über einem Konsolgesims in Höhe
des Behälterbodens eine gewellte Ummantelung aufgesetzt, die von einem gestelzten, halbkugelförmi-
7 | gen Blechdach bekrönt ist. Eine miniaturhafte Wiederholung dieses Baues nimmt das Treppenhaus
auf. Baukörper und Dachzone trennt ein umlaufender, auskragender Umgang, dessen Geländer Ju-
gendstildekor zeigt. Auch ein hallenartiger Verbindungsbau zwischen Kühl- und Schlachthäusern hat
hohe bauliche Qualität.

Düsseldorf, Großviehmarkthalle des Schlachthofs

Wie allerorten, überholte die Schnelligkeit städtischen Wachstums die Kapazitäten der ersten Generationen stadttechnischer Anlagen. Wie bei den industriellen Niederlassungen, so gab es auch bei städtischen Infrastruktureinrichtungen »Randwanderungsbewegungen« zu verzeichnen. So wie das Gaswerk der Stadt Düsseldorf 1890 an den Ostrand der Kommune gegangen war (vgl. Seite 183), verlegte ab diesem Jahr auch der bislang seit den 1870er Jahren am Rhein angesiedelte Schlachthof sein Domizil nach Norden, an den Gleiskörper der Hauptstrecke der Eisenbahn nach Duisburg. In Betrieb gehen konnte er allerdings dann erst nach fast zehnjähriger Übergangsphase. Auf nun erweiterungsfähigem Gelände reihte man parallel zur Bahn zunächst die Vieh-Markthallen für Schweine und Großvieh auf, ein üblicher Bestandteil großer Schlachthöfe. Dazu parallel baute man drei Schlachthäuser. Der Krieg hat von dem Areal nicht allzu viel übrig gelassen. Typische Schlachthofarchitektur vermittelt noch die basilikale, gelbfarbene Klinkerhalle des Großvieh-Marktes mit zu Bahn und Stadt hin großzügigen Fensterstaffeln. Gute Qualität entstand hier allerdings auch beim Bau der Stahlbetonkonstruktion für die benachbarte Viehhalle in den dreißiger Jahren – viele deutsche Schlachthöfe erfuhren in dieser Zeit Erweiterungen, oft von hervorragender architektonischer Qualität.

Krefeld, Zentrallager und Großbäckerei, Konsumgenossenschaft Niederrhein

Teilweise nahezu flächendeckende Versorgungsfunktion hatten auch die immer großmaßstäblicher werdenden Produktionsbetriebe der Genossenschaften (vgl. S. 167). Hinter dem Krefelder Hauptbahnhof baut Architekt Robert Adrian für die Konsumgenossenschaften Niederrhein einen imponierenden, vielgeschossigen Fabrik- und Lagerhausbau, der ursprünglich sogar mit einem gestaffelten Turmbau mit großem Laternenaufsatz noch prächtiger geplant war. Das Giebelfeld zeigt (wiederhergestellt) eine Monumentalgruppe mit zwei sich vor einer allegorischen Figur die Hand reichenden Heroen, die Vereinigung zweier Konsumgenossenschaften symbolisierend. Der Dachvorstand hat farbig abgesetzte Kassettenmotive, zwischen eingestellten Pfeilervorlagen farbige Brüstungsplatten. Im Hof dahinter das 1909, nur ein Jahr vor dem Hauptbau fertiggestellte Lagerhaus – des regional bedeutenden, Lebensreformerkreisen nahestehenden Architekten Karl Buschhüter, der in der konsequenten Vertikalgliederung dem neueren Stahlbetonbau formale Vorgaben macht. Im Inneren des Hauptbaus hinter weiß glasierten Wandfliesen noch Großbacköfen erhalten.

Velbert, Anlage der Konsumgenossenschaft Haushalt

Ähnlich wie in Krefeld die Zwecksetzung des Baukomplexes im bergischen Velbert. Nebeneinander entstehen Lagergebäude und Großbäckerei, neben Kaffeerösterei klassische Funktionen genossenschaftlichen Wirtschaftens. Gerade das Bergische Land kannte eine dichte Verbreitung regionaler Genossenschaften, die sich zur Erhöhung ihrer Wirtschaftskraft vielfach verbünden. Im späteren Wuppertal schließen sich 1924 die Konsum- und Produktionsgenossenschaft »Befreiung« in Elberfeld und die Barmer »Vorwärts« mit der Velberter »Haushalt« zusammen. »Vorwärts-Befreiung« gehört von nun an zu den größten deutschen Konsumgenossenschaften mit Zentralen in Barmen, Elberfeld und Velbert. Ausdruck gewinnt die neu gewonnene Bedeutung der Unternehmung schließlich in einem der größten genossenschaftlichen Produktionsbetriebe, der 1928-30 errichteten, gigantischen »Zentrale Vorwärts-Befreiung« von Architekt Hermann Deffke. Sie diente der Versorgung von mehr als 50.000 Mitgliederhaushalten und beschäftigte 1.000 Menschen. Der Bau von 200 Metern Frontlänge steht seit 1977 unter Denkmalschutz und manifestiert die Bedeutung einer modellhaften sozialen Bewegung, wie sie offenbar unter den veränderten Lebensbedingungen der Jetztzeit keine Chancen mehr besitzt.

TYPEN DER TECHNIK

VERKEHRSBAUTEN

Straelen-Herongen, Nordkanalschleuse Louisenburg

Ein großer Wurf war das Projekt einer Kanalverbindung zwischen Rhein und Maas von 53 Kilometern Länge mit neun Schleusen am Anfang des 19. Jahrhunderts. Doch war ihm ein weit älterer Kanalbau vorausgegangen: Ab 1626 wollte die spanische Generalstatthalterin einen nach ihr »Fossa Eugeniana« genannten Kanal anlegen lassen, was die Niederländer aber bereits 1628 vereitelten. Gegen die gleiche Nation war dann Napoleons Versuch ab 1808 gerichtet. Er wollte im Zuge der Kontinentalsperre den Niederlanden die Rheinschifffahrt abschneiden. Dazu sollte Neuss am Rhein mit Venlo an der Maas mit einem 16 Meter breiten Kanal verbunden werden. Als 1810 die Niederlande mit Frankreich vereinigt wurden, war der Kanal zu etwa zwei Dritteln fertiggestellt. Trassenreste und einige Bauwerke erinnern an ihn. Unter anderem die Schleuse Louisenburg mit ihren sandsteinverkleideten Backstein-Kammermauern. An der zweiten Schleuse entstand in Neuss ein Schleusenwärterhaus, das, in der Manier der Revolutionsarchitektur gehalten, Baudenkmal ist. Zwischen Neuss und Neersen herrschte immerhin zwischen 1823 und den 1840er Jahren kommerzieller Schiffsverkehr.

Duisburg-Ruhrort, Werfthafen

Bis ins 18. Jahrhundert reicht der Ausbau des Ruhrorter Hafens zurück. 1716 entstand ein 10 zu 250 Meter messendes Becken. Die preußische Ruhrschiffbarmachung bringt den Kohlenhandel von Mülheim verstärkt auch nach Ruhrort. Oberpräsident von Vincke betreibt 1820 bis 1825 die erste größere planmäßige Hafenerweiterung. Das oval-ringförmige Becken, zunächst »Ringhafen«, dann »Werfthafen«, nach 1845 auch »Alter Hafen« genannt, entsteht. Die Kohlenschiffe, die »Ruhraaks«, konnten ihn ohne Wendemanöver nutzen. 1828 beginnt der Ruhrorter Kaufmann Franz Haniel mit Hilfe des englischen Ingenieurs Harvey einen Werftbetrieb auf der vom Hafen umschlossenen Insel zu betreiben. Es entsteht das erste auf einer deutschen Werft gebaute Dampfschiff, die »Mainz« im Jahre 1830. Im Zuge der Hafenerweiterungen, die 1905 auch die Vereinigung des Ruhrorter mit dem Duisburger Hafenteil mit sich bringen, wird mit der Anlage des Vincke-Kanals 1911 eine gänzlich neue Zufahrt
3 | zu Nord- und Südhafen von 1860-68 geschaffen, der Werfthafen wird bis auf seine heutige hakenförmige Gestalt zugeschüttet. An diesem ältesten erhaltenen Duisburger Hafenteil stehen noch zwei Gebäude des Hanielschen Werftbetriebes: Die Schmiede von 1871 und der Magazinbau von 1862 mit der gusseisernen Initialenplatte »FH-Franz Haniel«.

Essen-Überruhr, Schleuse Spillenburg

Die von den preußischen Landesherren ab 1776 durchgeführte Schiffbarmachung der Ruhr war auf Partner angewiesen, da nicht das ganze Territorium am Fluss in eigener Hand war. Von den ursprünglich sechzehn Schleusen liegen heute drei erhaltene auf Stadt-Essener Gebiet: Neukirchen, Spillenburg und Horst. Bereits 1774 war auf eigenem märkischem Territorium die Horster Schleuse begonnen worden. Für den Bau der Spillenburger Schleuse übertrug die Fürstäbtissin des Damenstiftes Essen der Firma Elsbruch gegen das Schleusengeld den Bau. Wie fast alle anderen Ruhrschleusen auch, wurde die Spillenburger Schleuse 1832 modernisiert und repariert, diese Arbeiten zogen sich im Gesamtbestand bis in die 1840er Jahre hin. In diesem Zeitraum war der Schiffsverkehr lebhaft, pro 16-Stunden-Tag passierten etwa 80 Schiffe die Schleuse, d.h., alle zehn bis fünfzehn Minuten fand eine Schleusung statt. Die Schiffseinheit der »Aaken« hatte eine Länge von zirka 34 Metern bei einer Breite von 5 Metern mittschiffs. Die preußische Strom- und Uferordnung von 1781 hatte ihren Tiefgang auf 0,8 Meter festgelegt. Der damals angelegte Lein-(=Treidel)pfad ist weitgehend als Spazierweg erhalten geblieben. 1860 hatte die Ruhrschifffahrt mit 870.000 Tonnen ihren Höhepunkt erreicht. Von da an ging sie nieder. 1872 machte die Ruhrtalbahn Kupferdreh-Werden-Kettwig-Düsseldorf (heutige S-Bahnstrecke) der Schifffahrt ein Ende.

Waltrop-Henrichenburg, Schiffshebewerk

Ein Technikbauwerk wilhelminischer Pracht mit dem Motto »Mein Feld ist die Welt« – zwei Globen auf den Oberhaupt-Pylonen zum Beweis – ist das von Kaiser Wilhelm persönlich eröffnete Schiffshebewerk Henrichenburg, das vom Dortmunder Stichkanal kommende Schiffe 14 Meter in die Tiefe des Dortmund-Ems-Kanals absenkt oder emporhebt. Technisch möglich wurde das durch ein »Schwimmerhebewerk mit Schraubenführung«. Das die Schiffe aufnehmende Becken, der Trog, ist hier mit Zwischenstützen auf fünf eiserne Hohlkörper, die Schwimmer, aufgelagert, die in fünf entsprechende, mit Wasser gefüllte Tröge eintauchen. Der Auftrieb der eingetauchten Hohlkörper hebt dabei das Troggewicht mitsamt dem des Schiffes auf. Die Schraubenführung an den Trogecken verhindert durch Synchronführung ein Verkanten. Die Eckpylone sind mit einer eisernen Brücke quer verbunden, darauf ein Bedienungshäuschen, das die Trogtore steuert. Das 1970 stillgelegte Werk kam 1979 zum Westfälischen Industriemuseum, wurde ab 1982 restauriert (aber nicht gangbar gemacht), seit 1999 ist auch das wiederhergestellte Oberwasser in Betrieb. Neben dem Werk von 1899 zwei Schleusen von 1912/14 und 1989 sowie ein zweites Hebewerk von 1962. Diese Bauwerke machen den Standort zur dreidimensionalen Technikgeschichte der Schifffahrt.

Olfen, Kanalbrücke des Dortmund-Ems-Kanals über die Lippe

Aus der ersten Bauphase des Dortmund-Ems-Kanals stammen weitere bemerkenswerte Bauwerke, die in ihrer Gesamtheit dem östlichen Teil des Ruhrgebietes einen Massentransportweg zu Wasser eröffneten. Kohleausfuhr wie Erz- und Roheiseneinfuhr wurden kostengünstiger. Neben dem Schiffshebewerk Henrichenburg bewältigten zwanzig Schleusen die 71 Meter Gefälle auf den 280 Kanal-Kilometern. Bei Münster galt es die Ems, bei Olfen Lippe und Stever zu queren. Kanalviadukte hatte es seit 1760 gegeben, als James Brindley für den Kanal des Duke of Bridgewater zwischen dessen Kohlenzechen und Manchester über die Irwell einen Aquädukt errichtete. Die Bauwerke im Zuge des Dortmund-Ems-Kanals verkörpern massive Solidität. Die Lippe-Kanalbrücke bei Olfen ist in schwerem Ruhrkohlensandstein gefügt, drei Millimeter starke, zusammengelötete Bleiplatten sichern der Kanalwanne Dichtigkeit. Ecktürme flankieren die mit Blendbögen versehenen Brüstungen.

Dortmund, Hafenverwaltungsgebäude

Natürlich bekam eine solch solide Unternehmung auch gebührende Administrationsgebäude. Wie ein Rathaus mutet die Dortmunder Hafenverwaltung an. Stadtbauinspektor Friedrich Kullrich errichtet es 1898/99. Eine sinnreiche Anspielung auf das »andere Ende« des Dortmund-Ems-Kanals lag in der Wahl der »holländischen Bauweise des 17. und 18. Jahrhunderts« für den turmbekrönten Bau mit schmiedeeiserner Turmspitze. Delphine tragen die Brüstung des »Kaiserzimmers« mit den vereinten Wappen der Städte Dortmund und Emden. Das ganze wirkt wie der »kleine Bruder« zu dem zur gleichen Zeit von Adam Sesterhenn errichteten Hafenamt des Kölner Rheinau-Hafens weit vom westfälischen Ende des Ruhrgebietes im rheinischen Westen gelegen.

Krefeld-Linn, Hafendrehbrücke

Hafenareale sind Zonen sich kreuzenden Wasser- und Landverkehrs, vorprogrammierte Konfliktpunkte sozusagen. Seit der Zeit von van Goghs malerischen Ziehbrücken war es Prinzip geworden, dass der Landverkehr temporär dem weniger beweglichen Wasserverkehr »aus dem Wege« geht – bewegliche Brücken sind darauf die technische Antwort. Nach längerem Planungsvorlauf, unter anderem mit dem Vorhaben, einen Hafen direkt vor die etwa 6 Kilometer entfernte Stadt zu ziehen, begann man mit der Anlage eines Industrie- und Handelshafens im neu eingemeindeten Rhein-Stadtteil Linn. Es entstand bis 1906 ein Rhein- und ein Osthafen. Die von Südwesten kommende Erschließungsstraße quert den Rheinhafen mittels einer Drehbrücke südöstlich des Hafenkopfes. 1903 errichtete für diese die Baufirma Grün & Bilfinger, die im gesamten Hafen tätig war, den Drehbrückenpfeiler mit der Kammer für den Hydraulikbetrieb, den für den elektrischen Teil die Firma Siemens/Schuckert und für den mechanischen Teil die Firma Haniel & Lueg bestückten. Johann Caspar Harkort baute die Brücke mit ihrem eleganten Zügelgurt über dem umgekehrten V-Motiv auf dem Mittelpfeiler. Verschiedentlich hat man die Brücke schon »niederrechnen« wollen, auch nach der Sanierung regen sich Abbruchabsichten, aber da sich die Hafenexpansion in Grenzen hält, bleibt Hoffnung.

Krefeld-Linn, Städtisches Lagerhaus am Rheinhafen

Derselbe August Suhlry, der für die architektonische Gestalt der Drehbrücke verantwortlich zeichnete, baute 1904/05 auf der nördlichen, hochwassersicher aufgeschütteten Werftspitze ein dreieckförmiges und ein längsrechteckiges städtisches Lagerhaus. Zwei fünfgeschossige, turmartige Trakte rhythmisieren den breit gelagerten, vierstöckigen und mit Ziegel- und Werksteinen verkleideten Stahlbetonbau. Jenseits beidseitig angesetzter Flachtrakte erheben sich dann noch einmal zu beiden Seiten pavillonartige Endbauten, so dass eine lebendige Umrisslinie entsteht. Der benachbarte dreiecksförmige und zweigeschossige Lagerhausbau folgt der Kaiform und hat schiffsbugartigen Charakter. Zwei Türme, oktogonal an der Spitze und quadratisch an der stumpfen Seite, bilden eine Mittellinie. Das Innere des Hauptlagerhauses bietet unter großzügig dimensioniertem Stützenraster fast 6.000 Quadratmeter Nutzfläche. Die Bauausführung ist von gediegener, schwerer Qualität, die in dieser Form in den nordrhein-westfälischen Rheinhäfen keine Parallele hat.

Gelsenkirchen-Schalcke-Nord, Schüttgutlagerhaus am Handelshafen

Im Norden der Stadt liegt der vom Rhein-Herne-Kanal abzweigende Handelshafen. In einem Ambiente, das weit und breit nicht von wie immer gearteter architektonischer Qualität gekennzeichnet ist, erhebt sich überraschenderweise ein ungewöhnlicher Lagerhausbau. 1913/14 entstanden, zeigt das hellfarben geputzte Bauwerk über einem mit Putzquaderung versehenen Sockelgeschoss über niedriger Rampe nach Lang- und Schmalseiten lebhafte Umrisslinien. Fünf elegante ausluchtartige Querbauten erheben sich längs bis auf die Firstlinie des satteldachgedeckten Haupt-Baukörpers. Sie haben geschweifte Abschlüsse mit spiralförmiger Volute an den unteren Abschlüssen. Wechselweise zeigen sie Ladeluken oder Durchfensterungen. Die Schmalseiten enden in Dreiecksgiebeln über Vertikal-Lisenen. Seitlich sind die Flächen konkav abgeschwungen. Der leicht holländisch anmutende Anblick hat eine überraschende Leichtigkeit und Eleganz, die man am Rhein-Herne-Kanal nicht unbedingt erwarten würde. Der künstliche Schifffahrtsweg übernahm teilweise die Funktion, die die Ruhr im 19. Jahrhundert gehabt hatte.

Datteln, Hubschleuse des Wesel-Datteln-Kanals

Ähnlich dem Vollwand-Stahlfördergerüst von Schupp und Kremmer für die Essener Schachtanlage XII der Zeche Zollverein (vgl. S. 104) von 1928-32 ist es dem Architekten Lyonel Wehner gelungen, auch den stählernen Hubschleusenanlagen des Wesel-Datteln-Kanals eine architektonisch-körperhafte Gestalt zu verleihen, wobei er es sogar verstand, einzelnen Funktionsteilen einen leicht expressionistischen Ausdruck zu geben. Dies ist der Fall bei den über Seile laufenden Gegengewichten an den Schmalseiten oder bei der Untersicht der Enden des massiven Querträgers. Auf diese Weise hat er bei den sechs gleichartigen Bauwerken im Kanalverlauf einen zu der nur noch wenig industriebestimm-
1 | ten Charakteristik der Landschaft passenden Charakter gefunden. Der Wesel-Datteln-Kanal ist das westlichste Teilstück des Lippe-Seitenkanals. In Datteln vom Dortmund-Ems-Kanal abzweigend, verläuft er am Nordrand des Ruhrgebietes über 85 Kilometer bis zum Rhein bei Wesel. Er wurde 1929 eröffnet.

Duisburg, Schwanentor-Brücke

Wie bei der Drehbrücke in Krefeld schon festgestellt, sind Hafenareale Kompromisse zwischen Wasser- und Landverkehr. Folglich besaß das Duisburg-Ruhrorter Hafensystem als Europas größter Binnenhafen bis zum Zweiten Weltkrieg eine Vielzahl beweglicher Brücken verschiedenster Bauweisen. Von den Klapp-, Dreh- und Hubbrücken sind heute nur noch zwei vorhanden: die Marientor-Brücke, samt Wehr ein Baudenkmal der zwanziger Jahre, und die neu geschaffene Schwanentor-Brücke, die 1950 die 1904 errichtete Klappbrücke ersetzte, gleichermaßen ein Baudenkmal. »Schwanentor-Brücke«, da sich hier das gleichnamige Stadttor dem Rhein öffnete, der bis zum Durchbruch der Rheinschleife bei Essenberg 1270 die Füße der Stadt umspülte. Einen Brückenübergang gab es hier seit 1843, er kreuzte den mühsam neu angelegten Rheinkanal, der zunächst bis zum Marientor laufend, dann aber als »Innenhafen« ab 1893 zahlreiche Großmühlen zur Niederlassung veranlasste (vgl. S. 160). Ab 18. November 1950 ersetzte dann endgültig die neue Schwanentor-Hubbrücke die nur notdürftig instand gesetzte alte Klappbrücke. Die Fahrbahnplatte wird bei diesem Neubau zwischen vier schlanken, backsteinverkleideten Betontürmen gehoben und gesenkt. Die Baukörper sind fast ganz geschlossen, öffnen sich aber im obersten Geschoss und tragen jeder eine elegant-schmale, komplett verglaste Lichtsäule. Eine funktionale Technikarchitektur der 1950er Jahre, die an harmonischer Ausgewogenheit ihresgleichen sucht.

Witten-Herdecke, Eisenbahn-Viadukt

Das neue Verkehrsmittel Eisenbahn brachte seine eigenen Gesetzmäßigkeiten ins Spiel: Schienenfahrzeuge, zumal die des frühen 19. Jahrhunderts hatten strenge Ansprüche, was Steigungen und Kurvenradien anbelangte. Die für Privatunternehmen arbeitenden Ingenieure, die den Streckenbau durchführten, brachten allerdings gewisse Erfahrungen aus dem Kanalbau mit. Techniken, wie Geländeeinschnitte und Tunnelbau kamen nicht zum ersten Mal vor. Für Steigungen verwendete man stationäre Dampfmaschinen, später Umlenkrollen und zwei Lokomotiven, so bei der Steigung, an der die erste, 1839 eröffnete westdeutsche Strecke 1841 bei Hochdahl das Rheintal verließ und in Richtung Elberfeld ins Bergische Land vorstieß. Steinerne Eisenbahnbrücken blieben lange im Schwange bis die größere Verfügbarkeit von Schmiedeeisen und entwickeltere Konstruktionsmethoden ihren Ersatz ermöglichten. Harkorts 1846 gebaute Brücke über die Ruhr bei Altstaden war eine der ersten eisernen dieser Art. Nach der ersten großen Steinbrücke in Altenbeken in der Strecke Paderborn-Warburg (1853, nach teilweiser Kriegszerstörung wieder aufgebaut), ist der Herdecker Viadukt, von Julius Mohr 1876 für die Rheinische Eisenbahn als Verbindung von Herdecke nach Hagen errichtet, mit ihren in leichtem Schwung geführten zwölf Bögen eine der ästhetischsten.

Kleve-Griethausen, Eisenbahn-Brücke

1861 erhielt die Rheinische Eisenbahn die Konzession für den Bau einer Verbindungsbahn zur niederländischen Rhein-Eisenbahn von Kleve über Griethausen nach Elten bis zum Anschlusspunkt in Zevenaar. Neben dem Rhein selber war bei dieser Streckenführung auch der Altrhein zu überwinden. Wie in Duisburg (vgl. S. 238) querte man den Rhein mittels Trajekt, für den Altrhein entwarf Emil Hartwich 1863 eine eiserne Parallelträger-Brücke in Ständerfachwerk mit Gegenstreben. Ausführende Gesellschaft war Harkort in Duisburg, in Zusammenarbeit mit der Kölnischen Maschinenbau AG, die wenig später die Dachkonstruktion für Alfred Krupps feuersichere Villa Hügel in Essen lieferte. Die beiden Gesellschaften hatten bereits für den Bau der Rheinbrücke in Koblenz (1863/64) und der Ijssel-Brücke bei Zutphen (1864) zusammengearbeitet. Am 1. Mai 1865 wurde der Verkehr aufgenommen, drei Zugpaare täglich brachten nun Reisende in vier Stunden nach Amsterdam. Das heute am malerischen Altrhein gelegene Hauptbrückenbauwerk gibt von dieser internationalen Reisegeschäftigkeit nichts mehr wieder. Der Betrachter denkt, von diesem Denkmal früher deutscher Eisenbrücken-Baukunst hernieder sehend, vielleicht eher an Goethes Gedicht über Johanna Mebus, die hier einst bei Hochwasser todesmutig Kinder rettete.

Solingen/Remscheid, Müngstener Eisenbahnbrücke

Solingen erhielt wie Remscheid noch in den 1860er Jahren Bahnanschluss. Mehr als dreißig Jahre soll-
te es noch dauern, dass diese nur acht Kilometer in Luftlinie voneinander entfernten Städte (44 km
lang war der alte Schienenweg) direkt verbunden wurden. Erschwerend war die Höhendifferenz von
hundert Metern, zu der noch einmal hundert Meter für das Tal der Wupper kamen. Als die Städte
sich bereit erklärten, die Grunderwerbskosten zu tragen, genehmigte der Preußische Landtag die Bau-
kosten in Höhe von fast 5 Mio. Mark. Vier deutsche Brückenbauanstalten wurden mit Entwürfen der
Varianten Gerüst-, Ausleger- und Bogenbrücke beauftragt. Die Nürnberger Maschinenbau AG mit
dem Werk Gustavsburg unter Anton Rieppel (vgl. S. 148) erhielt den Zuschlag für eine eingespannte
Bogenbrücke mit beidseitig anschließenden Gerüstbrücken. Das vorbestimmte Material für die Kon-
struktion war Flußeisen, also aus flüssigem Roheisen gewonnenes schmiedbares Eisen, heute etwa die
Stahlsorte St37. Als Montagemethode wählte man freien Vorbau, da Gerüste bei 107 Metern Höhe
zu aufwendig gewesen wären. Dies bedingte eine Flächenlagerung anstelle von Kämpfergelenken, ein
5 | dreifach statisch unbestimmtes System, das nur in Müngsten Anwendung fand. Diese Bedingungen
machen die 1897 eingeweihte Brücke zur ältesten erhaltenen deutschen Flußeisenbrücke, die im Frei-
vorbau errichtet wurde und damit zu einem technischen Baudenkmal ersten Ranges. Der Bahnstrecke
über die Brücke steht nunmehr die Elektrifizierung bevor.

Duisburg-Hochfeld/Rheinhausen, Eisenbahnbrücke

Brücken sind Verbindung schlagende Bauwerke. Ihr Bau gilt als Königsdisziplin der Ingenieure und ökonomische Motivationen spielten während der sich rasch entwickelnden Produktion und der sich ausbreitenden Absatzgebiete des 19. Jahrhunderts eine stets bedeutender werdende Rolle. Diesen Kräften traten aber in dieser Epoche immer wieder die strategischen Sicherheitsüberlegungen oder -ängste der Militärs entgegen, zumal bei dauerhaften Flussüberschreitungen, vor allem des Rheins. Die von Militärs lange abgelehnte Eisenbahnbrücke bei Hamm nahe Düsseldorf diente dann aber ironischerweise nach Fertigstellung als erstes Truppentransporten zur französischen Front. Manifest geblieben sind diese Aspekte vor allem in den zuweilen martialischen, festungsartigen Türmen vieler Rheinquerungen. Nicht viele davon haben sich über die Kriegsjahre erhalten. In Duisburg-Rheinhausen stehen zumindest noch die Zwillingstürme der 1871 bis 1873 entstandenen Eisenbahnbrücke der Rheinischen Bahngesellschaft für die Strecke nach Mönchengladbach, vom selben Hartwich entworfen wie die Griethausener Brücke von 1865, aber nun mit den kastellartigen Turmpfeilern versehen, die für den heutigen Betrachter eher das Gegenteil des Wunsches nach Kommunikation ausdrücken, für das die stets eingebauten Sprengkammern ein so sprechender Beleg sind.

Wuppertal, Eisenbahn-Viadukt Uellendahler Straße

Nicht nur die Nahverkehrsmittel hatten ihre liebe Not, sich durch die 18 Kilometer lange, bandartig enge Topographie von Wuppertal (bis 1929 Barmen, Elberfeld, Vohwinkel u.a.) zu schlängeln. Den Eisenbahnen erging es nicht besser bei der Erschließung dieser für das preußische Wirtschaftsleben so bedeutsamen Stadt (1851 höchstes Gewerbesteueraufkommen im Königreich). Diese Wirtschaftskraft war das Motiv früher Aktivitäten in Wuppertals Eisenbahnbau. Er begann mit der ersten westdeutschen Bahn überhaupt, die sich 1838 bis Erkrath, 1841 bis Elberfeld vorarbeitete. Die Strecke Elberfeld-Schwelm mit zwölf Kilometern Länge konnte Ende 1847 in Betrieb genommen werden. Seit 1849 war die Verbindung von hier nach der Düsseldorfer Stecke hergestellt. Im gesamten Wuppertaler Stadtgebiet auffallender sind aber die zahlreichen Viadukte, zu denen die steile Tallandschaft zwang. In den 1880er Jahren trat zur Bergisch-Märkischen Bahn, die Wuppertal in Verbindung vor allem zur Eisen- und Stahlindustrie des Ruhrreviers gebracht hatte, die Rheinische Eisenbahn in Konkurrenz hinzu. Am südlichen Talhang entstand 1879 die Strecke Hoerde-Düsseldorf über Hagen (vgl. S. 233) mit nicht weniger als fünf Tunnels und bedeutenden Brückenbauten, wie dem Viadukt über den Steinweg oder die Westkotter Straße. Auch der Uellendahler Viadukt liegt auf dieser Strecke, an der auch bemerkenswerte denkmalgeschützte Bahnhöfe wie Ottenbruch und Mirke auf adäquate Nutzungen warten.

Duisburg-Homberg, Trajekt-Turm

Als letzter eines Bruderpaares zweier identischer Bauten ragt der Homberger Trajekt-Turm in den Himmel. Der ursprünglich unverputzte Backsteinriese weist vier oktogonale Ecktürmchen auf und war technisch gesehen eine gigantische Liftanlage: Trajekt-, d.h. motorgetriebener Fährverkehr für Eisenbahnwaggons herrschte seit 1852 zwischen Ruhrort und Homberg, ab 1866 auch zwischen Rheinhausen und Hochfeld. 1854 bis 1856 hatten Köln-Mindener und Ruhrort-Krefeld-Kreis Gladbacher Bahn an neuen Hafenbecken die Aufzüge errichtet. William Armstrong lieferte aus Newcastle-on-Tyne die Hydraulik. Leider wurde der rechtsrheinische Ruhrorter Turm 1970 abgerissen. Da sein Homberger Gegenstück seit 1952 Jugendherbergszwecken diente, konnte er überleben und hält die Erinnerung wach an die Epoche industriellen Eisenbahn-Güterverkehrs vor der Erbauung fester Rheinbrücken, wie sie 1855 bis 1859 in Köln zum ersten Male unternommen werden sollte.

Köln-Müngersdorf, Empfangsgebäude der Rheinischen Eisenbahn

Eins haben das älteste erhaltene Eisenbahn-Empfangsgebäude im Mutterland dieses Verkehrsmittels Großbritannien, das 1830 errichtete Stationsgebäude der Manchester-Liverpool-Bahn, die »Liverpool Street Station« in Manchester und das 1839 errichtete Bauwerk des Müngersdorfer Bahnhofs in Köln als ältestes erhaltenes deutsches Stationsgebäude miteinander gemeinsam: Wie Bahnhöfe sehen sie nicht aus. Verraten in Manchester dem Kundigen die unterschiedlich aufwendig ausgeführten Eingänge noch die Unterteilung der reisenden Menschheit in Klassen, so würden in Köln sämtliche Nichteingeweihte in dem zwar unmittelbar an der Bahntrasse gelegenen, doch inmitten vorstädtischer Wohnbebauung stehenden Gebäude ein klassizistisches Wohnhaus erblicken. Allein die Schmalheit des zweigeschossigen Baus von sieben Achsen Länge, aber nur zwei Achsen Breite ist Indiz dafür, dass während seiner »Dienstzeit« niemand dauerhaftes Logis in diesem Bauwerk nahm. Das vermutlich von Johann Peter Weyer entworfene Stationsgebäude an der am 2. August 1839 eröffneten Strecke nach Aachen, deren weitere Stationen zwar sämtlich fertiggestellt waren, aber nicht erhalten sind, ist eine wahre Inkunabel deutscher Eisenbahngeschichte.

Warburg, Empfangsgebäude

Beinahe hätte Warburg auch schon in der Voreisenbahnzeit in die Verkehrsgeschichte Eingang finden können. Seit Beginn des 18. Jahrhunderts plante der hessische Landgraf Karl eine ehrgeizige Kanalverbindung zwischen Rhein und Weser mit zehn Schleusen, unter anderem bei Warburg. Mit seinem Tod 1730 wurde das Projekt, dem die Nachwelt immerhin den bemerkenswerten Baubestand von »Karlshafen« verdankt, aufgegeben. Warburg wurde statt dessen aber einbezogen in das Projekt der Kurfürst-Friedrich-Wilhelms-Eisenbahn, der späteren (seit 1868) Bergisch-Märkischen Bahn zwischen Grebenstein und Bebra, die ebenfalls Karlshafen berührte. Wichtiger noch, war Warburg Station der Strecke Hamm-Paderborn-Landesgrenze der Westfälischen Eisenbahn, die über das Altenbekener Viadukt 1853 ihr Ziel erreichte. Nicht ganz unähnlich dem 1847 eröffneten, in Werkstein errichteten Bahnhof Minden, aber weniger gotisierend, entstand die Warburger Station in Backstein (heute leider teils verputzt), zeigt aber ähnlich wie Minden an Längs- wie Schmalseiten türmchenflankierte Staffelgiebel. Die Mittelpartien an Gleis- und Stadtfront zeigen wie das Grundgeschoss Rundbogenfenster, einige Terrakotta-Formsteine haben sich erhalten. Mit seiner allseitig ausgewogenen Gestalt ist der Warburger Bahnhof ein gutes, nur wenig beeinträchtigtes Beispiel der romantisierenden Stationsbauweise der ersten Jahrhunderthälfte.

Köln-Worringen, Typen-Bahnhof

Die Frühzeit der Bahn verlangte nach kurzer Abfolge der Haltstationen, da Kohle- und Wasservorräte für längere Fahrten nicht an Bord genommen werden konnten. Es bildete sich daher bei den Bauabteilungen für die große Zahl von Stationen eine Neigung zur Typisierung heraus mit dem Ziel, rationellen Streckenbau betreiben zu können. Bald modifizierte man dieses Modell zu Gunsten einer größeren Typenvielfalt, die bei Beibehaltung bestimmter vereinheitlichender Prinzipien die Anpassung an lokale Bedürfnisse zuließ. Eine der sehr wenigen Strecken, wo die frühe Manier der strengen Typisierung in Nordrhein-Westfalen noch fassbar ist, ist die 1855/56 in Betrieb genommene Verbindung Köln-Krefeld der Köln-Krefelder Eisenbahn, die Anfang 1860 in der Rheinischen Eisenbahn aufging. In identischer Bauweise sind die 1855 erbauten Stationen Köln-Worringen, Dormagen und
1 | Meerbusch-Osterrath erhalten. Der zweigeschossige Mitteltrakt wird hier von kräftig vorspringenden Seitenrisaliten begrenzt, an die sich beidseitig flache Trakte mit Nebenräumen anschließen – Bilderbuchbeispiele wie aus dem Musterbuch der Eisenbahn-Bauverwaltungen. Die flächigen Verbretterungen der Mauerwerksflächen geben ihnen zusätzlich ein archaisches Aussehen.

Köln, Bahnsteighalle des Hauptbahnhofes

Von heute aus betrachtet, ist es fast unglaublich, dass man noch 1976 als ernsthafte Sanierungsalternative den Abriss der historischen Bahnsteighalle des Kölner Hauptbahnhofes erwog. In jahrelangen Verhandlungen zwischen Landeskonservator Rheinland, Stadtkonservator Köln und der Bundesbahn, die letztlich aus Kostengründen Alternativen zum Abbruch erwog, war folgendes das Ergebnis: man beschloss die Beibehaltung der gesamten Binderkonstruktion des Konstrukteurs Jacobsthal mit allerdings erheblichem Materialaustausch. Trotz des Widerstands der Denkmalpflege wurde Kunststoff statt Glas als Material für die Dachhaut bestimmt, das, wie damals befürchtet, tatsächlich bereits erblindet. Nachträglich zeigt sich, dass viele Bauschäden erst durch die Reparaturarbeiten der Nachkriegszeit entstanden waren, von der Bahn aber der Reparaturbedürftigkeit der historischen Konstruktion zugerechnet wurden. Als Erfolgsbilanz lässt sich festhalten, dass primär der Gestaltwert der 1894 größten Bahnsteighalle des Kontinents erhalten blieb sowie das primäre Traggerüst der Halle zu großen Teilen. Mit der Weisheit der heutigen Sicht wäre sicher auch die Restaurierung des von Georg Frentzen gegenüber dem Dom in Neorenaissance entworfenen Empfangsgebäudes möglich gewesen. Wie es nun steht, gilt Waltenberg-Schmitt-Brunners Nachkriegsersatzbau von 1957 erneut als Baudenkmal, wofür ebenfalls gute Gründe sprechen.

Hamm, Empfangsgebäude des Hauptbahnhofes

Erst 1919/20 entstand das mindestens zehn Jahre älter wirkende, palastartig gegliederte stattliche Empfangsgebäude des Hammer Hauptbahnhofes. Es ersetzte den 1850 entstandenen Inselbahnhof mit seinem burgartigen Charakter, der der Mindener Station von 1848 in nichts nachstand. Seit 1910 – und das erklärt auch den Eindruck einer gewissen architektonischen Verspätung – hatte man einen dringend notwendigen Neubau geplant. Wegen des Weltkrieges wurde der Nachfolgebau dann aber erst am 15. Oktober 1920 eröffnet. Wie bei einer Schlossfront durchbrechen hohe barock umrissene Fenster und Okuli die Stadtfassade der Empfangshalle. Über dem mächtigen Hauptgesims mit Metopen und Triglyphenfeldern erhebt sich vor dem Hintergrund des dunkel gedeckten Walmdaches zwischen zwei Flammenkesseln ein umkränztes Uhrzifferblatt. Zu beiden Seiten der Uhr lehnen die überlebensgroßen Figuren eines Bergarbeiters mit Helm, Keilhaue und Grubenlampe und eines Grubenarbeiters mit Schürze und Zange als Verweis auf die montanindustrielle Dominanz des Hammer Gewerbelebens. Gleichzeitig verweist der stattliche neobarocke Bahnhofsbau auf die Bedeutung der Stadt als Knotenpunkt der Eisenbahnverbindungen vom und ins Revier.

Mülheim-Broich, Lokrichthalle des Bahnausbesserungswerkes Mülheim-Speldorf

Ganz im Gegensatz zu Empfangsgebäuden tritt eine ganze Anzahl von Bahneinrichtungen fast nie in das Gesichtsfeld des Reisenden: Es sind dies die zahlreichen Betriebs- und Ausbesserungswerke, die teilweise die Ausdehnung und Beschäftigtenzahl großer Fabrikareale erreichten. Aus den Werkstattkonglomeraten der privaten Eisenbahn-Frühzeit wurden die planvoll errichteten Wartungsfabriken der Staatsbahnbetriebe. In Nordrhein-Westfalen gibt es eine ganze Zahl historisch bedeutender Werke dieser Art, z.B. in Witten, Paderborn, Jülich, Krefeld und Mülheim an der Ruhr. Das in Mülheim-Broich gelegene Ausbesserungswerk Speldorf, kurz »AW« genannt, ist mit der zeitlich gestaffelten Abfolge seiner Großbauten eine besonders interessante Anlage. Seit 1874 werden hier Lokomotiven und Wagen repariert und gewartet. Mit den Lokomotiven wuchsen auch die für ihre Wartung benötigten Gebäude. So erweiterte man die 20-ständige Lokrichthalle um 32 Wartungsstände und vergrößerte 1894/96 noch einmal um weitere vierzehn. Wachsende Lokomotivlänge erzwang eine Hallenverbreiterung, heute misst sie 135 zu 45 Meter. 1903 wurde sie erhöht. Heute ist sie eine der auch ästhetisch beeindruckendsten Hallenkonstruktionen des letzten Viertels des 19. Jahrhunderts. Ein Lexikon des Industriehallenbaues wird das AW Speldorf durch weitere Bauten wie die Drehereihalle von 1874 in Gusseisen-Holzkonstruktion und die lichtdurchflutete neue Lokrichthalle von 1918.

Oberhausen-Osterfeld, Rangierwerk, Stellwerk der Ablaufanlage

Die geballte Produktionskapazität des Ruhrgebietes mit der Notwendigkeit zur Bewegung großer Rohmaterial- und Produktmengen stellte eine enorme Herausforderung an die technischen Leistungen des Bahntransportes dar. Quadratkilometer umfassende Gleisanlagen entstanden, in gewaltigen Rangierbahnhöfen herrschte Tag und Nacht Betrieb. Automatisierungsprozesse hatten im Rangierbetrieb seit der Zeit nach dem Ersten Weltkrieg eingesetzt. Mit dem 1925 erfolgten Bau einer Ablaufanlage in Hamm setzte ein weiterer Innovationsschub ein. Vierzehn einander verwandte Anlagen entstanden bis 1940 im Ruhrgebiet. Steilere Ablaufberge verkürzten Rangierzeiten, verdrängten aber den Einsatz manueller Bremstechniken (Hemmschuhe). In der 1930 in Betrieb genommenen Osterfelder Stellwerkseinrichtung wurden ein »Ablauftisch-Hebelwerk« und Bedienungseinrichtungen für die vor dem Gebäude beidseitig angeordneten Balkengleisbremsen kombiniert. Von dem verglastem dritten Obergeschoss des über sechseckigem Grundriss mit expressionistischer Verklinkerung versehenen Baues bedienen an zwei Steuerständen hoch qualifizierte Mitarbeiter die originalen, mit der Hydraulikeinrichtung von 1930 gesteuerten Gleisbremsen, die im Verein mit dem gleichfalls in der Kanzel untergebrachten Schaltfeld Güterwaggons an die gewünschte Stelle dirigieren. Das Gebäude ist ein technisches Denkmal ersten Ranges und eines der letzten der großen Zahl in den dreißiger Jahren errichteten Anlagen zur Beschleunigung des Bahngüterverkehrs.

Köln-Ostheim, Straßenbahn-Kraftwerk

Jene Firma Helios, die auch das Kölner Elektrizitätswerk ausgestattet hatte (vgl. S. 174, 187), installierte auch die Maschinerie, die notwendig war, Kölns erste rechtsrheinische Vorortbahn, die Linie »A« nach Rath mit Strom zu versorgen. 1905 fertiggestellt, ging das Kraftwerk wegen Konkurses der »Helios« erst 1907 in Betrieb. Hoch am Giebel des Maschinenhauses prangt das Kölner Stadtwappen auf der Brust eines dem Giebeldreieck eingepassten Adlers. Neben dem stolz aufragenden Hauptbau wölbt sich erheblich schlichter das Segmentbogendach des Kesselhauses. Der Träger, die Kölner Verkehrsbetriebe KVB, unterhalten in dem Bau noch ein Umspannwerk, es ist deshalb in gutem Zustand. Deutlich wird hier, dass die sich ab dem Jahrhundertanfang elektrifizierenden Nahverkehrsunternehmen ein der Eisenbahn in kleinerem Maßstab nachgebildetes Infrastruktursystem benötigten. Weitere Beispiele dafür sind die Dortmunder Hauptwerkstadt auf der Immermannstraße (1914-1916) oder das Straßenbahnkraftwerk der Rheinbahn in Düsseldorf-Oberkassel, mit Baujahr 1897 wohl eine der frühesten Anlagen seiner Art.

Düsseldorf, Straßenbahndepot Am Steinberg

Als Besonderheit ist es zu bezeichnen, dass die Stadt Düsseldorf den elektrischen Straßenbahnbetrieb stets in nahezu unverminderten Umfang fortgeführt hat, auch zu Zeiten, wo dieses Nahverkehrssystem anderswo »aus der Mode« kam. Trotz des Verlustes des dekorativen Depots auf der Limburger Straße von 1903 besitzt die »Rheinbahn« zwei baulich über dem Durchschnitt stehende Depots in den rechtsrheinischen Stadtteilen. Das wichtigste ist 1908 als »Straßenbahnhof« erbaut. Vom gleichen Architekten J. A. Kordt stammt auch die Erweiterungsphase von 1911, die zum heutigen inneren Erscheinungsbild führte. 1936 blendet man der Mehrhallen-Front eine ruhige, durch rechtwinklig gestaffelte Giebel belebte Wand vor. Von besonderer gestalterischer Qualität jedoch ist die Stahlbeton-Konstruktion der elf Einfahrten umfassenden neuen Halle. Die ausführende Bauunternehmung »Dücker & Cie., Betonbaugesellschaft mbH« hielt sie selbst mit Recht für so gelungen, dass sie noch 1914 in der Zeitschrift »Der Industriebau« damit Werbung betreibt. Bemerkenswert auch das zweite Depot an der Siegburger Straße mit in seltener Weise unveränderten Einfahrtstoren. Es wurde lange Zeit in schonender Weise neu genutzt.

Duisburg, Straßenbahn-Doppelhalle, Schlachthofstraße

Fast gleichzeitig entstanden, weist die während der Redaktionszeit dieser Publikation vom Abbruch bedrohte Doppelhalle in Duisburg weit weniger elegante Beton-Rahmenbinder auf, die im stumpfen Winkel im First zusammentreffen. Nach der Manier der ersten Jahre des Jahrhunderts aber hat man an der 1910 entstandenen Hallenfront der westlichen Halle noch einmal ein volles Dekorprogramm für angezeigt gehalten, ganz in der Manier der »erzählfreudigen« Stadttechnikbauten der Jahrhundertwendezeit. Wie Gas- oder Elektrizitätswerke, Schlachthöfe oder Straßenreinigungsbetriebe, berichtet auch hier schon die Gebäudefront vom Verwendungszweck der Halle. In einer durchaus dynamisch aufgefassten Bildkomposition schießt dem Betrachter schnittig-schräg eine stuckierte Straßenbahnschiene entgegen. Auch hier, abwärts rollend, das bei Eisenbahn und Straßenbahn gleichermaßen verwendete Flügelradsymbol, hier allerdings mit geschwungenen Speichen, die weniger realistischen denn Ornamentcharakter haben. Vom Fußpunkt des Rades stieben die Symbolblitze des Elektrobetriebes in alle Richtungen. Zerstörungen solcher Bilderfindungen stellen heute allemal Verarmungen eines Stadtbildes dar, das von der repetitiven Monotonie standardisierter Werbeplakate dominiert wird.

Wuppertal, Kehre Rittershausen der Schwebebahn

In Wuppertal stellte man vor einiger Zeit den Straßenbahnbetrieb ein und erhöhte damit die Benutzerfrequenz der Schwebebahn so, dass man einen kompletten Neubau dieses störungsfrei seit nahezu hundert Jahren verkehrenden Systems für unvermeidlich hielt. Es war als lineare, mit einem Abzweig versehene Streckenführung unter hoher Raumökonomie weitgehend über der Wupper in den Jahren 1898 bis 1903 ausgeführt worden nach Entwürfen derselben Maschinenbau AG Nürnberg unter Anton Rieppel, die für die Müngstener Brücke verantwortlich zeichnete (vgl. S. 235). Die Natur der Streckenführung erforderte Wendemöglichkeiten, deren östliche in den Betriebsbahnhof Rittershausen integriert wurde. Dieses auch heute noch dominante Bauwerk, das noch das gleiche Erscheinungsbild wie zurzeit seiner Erbauung 1903 aufweist, besitzt eine niveaugleiche Rückkehrschleife zum Wenden der Züge mit entsprechenden Weichenanlagen. Der langgestreckte Betriebsbahnhof ist nicht, wie die anderen Stationen, in die Fahrbahnbrücken zwischen Pendelstützen eingehängt, sondern über dem Fluss aufgeständert. Es wäre mehr als wünschenswert, dass außer einem kompletten Fahrbahnjoch auch die Wendestation Rittershausen die Erinnerung an das originale, welteinzigartige Verkehrssystem aufrechterhält.

Krefeld, Städtischer Schirrhof an der Blumentalstraße

Entwurfsverfasser für den 1915 realisierten städtischen Schirrhof ist der uns von anderen prominenten Projekten (vgl. S. 202) bekannte, von 1907-1919 beim Hochbauamt beschäftigte Architekt Bruggaier. Auch die Vor-Automobil-Ära erforderte vielfältige Sorge um die Passierbarkeit der öffentlichen Wege. Neben der Müllabfuhr war im Schirrhof die Flotte der Straßenwasch- und Sprengwagen untergebracht. In einer einem niederrheinischen Gehöft nachempfundenen Form umschließen bis zu hundert Meter lange Trakte einen Binnenbereich. Die verschiedenen Trakte nahmen Mensch und Tier auf: Platz war für 56 Pferde, Büroräume, Beamtenwohnungen. Wasch- und Baderäume waren ebenso angelegt wie Kutscherzimmer für ledige Bedienstete, schließlich ein großer Speisesaal. Zwischen kräftigen, zweieinhalbgeschossigen Eckpavillons und übergiebelten Tordurchfahrten erstrecken sich die unter Mansarddach eingeschossigen Verbindungstrakte als Backsteinbauten mit großzügigem Werksteindekor. Das Reliefprogramm nimmt auf den Gebäudezweck Bezug. Die etwas früher angelegte Zeche Friedrich-Heinrich in Kamp-Lintfort (vgl. S. 100) besitzt eine ähnliche Schirrhof-Anlage.

Weilerswist-Großvernich, Bürgersteigpumpe

Um Irrtümern vorzubeugen: Zu Zeiten des Baues dieser Zapfsäule war man darstellerischem Überschwang bereits so abhold (jedenfalls vorläufig), dass man 1928 keinen Adler mit gebreiteten Schwingen mehr auf die Benzinpumpe positioniert hätte. Dem mündlichen Vernehmen am Ort nach sei es eine individuelle Hinzufügung eines der Tankstellenbetreiber gewesen. Bürgersteigpumpen dieser Art waren die ersten ländlichen Vorboten der Massenmotorisierung, zumeist noch nebenbei betrieben, aber sie sind schon Ergebnis einer Massenproduktion. Der hier vertretene Typus mit Zwillingsmessgefäß wurde von den Schwelmer Eisenwerken ab 1924 als Modell »SE24« gefertigt. Mit dem Reichsautobahnprogramm ab etwa 1935 kam dann der Typus der Motorsäule in Schwang, sie verfügte dann über Motorpumpe und Kolbenzähler zur Messung der abgegebenen Benzinmenge. Die handbetriebenen Zwillingsgefäß-Säulen überlebten noch auf Werkshöfen oder hier – denkmalgeschützt – als gepflegtes Einzelstück aus der Frühzeit des Tankstellenbaus.

Köln-Deutz, Tankstelle Deutz-Kalker Straße

In den zwanziger, mehr noch in den dreißiger Jahren hatten sich Tankstellen zum umfänglicheren Dienstleistungskomplex entwickelt. Das Zahlgeschäft fand nun nicht mehr im Freien statt, für Personal, dann auch für Kunden gab es kleine Räumlichkeiten. Der Pumpbetrieb wurde endgültig motorisiert, wobei die beiden letzten Kriterien alleine für den Typ der Großtankstelle zutrafen. Diese wurden in den fünfziger Jahren zur Norm und normiert wurden von den Ölgesellschaften auch die Bauausführungen. Dennoch bestand an städtebaulich dominanten und umsatzträchtigen Punkten des Stadtbildes die Möglichkeit des individuellen Entwurfes. Die Stadt Köln, die bereits früh auf die Epoche der Nachkriegsarchitektur ein denkmalpflegerisches Auge hatte, verfügt über eine ganze Gruppe von Tankstellenbauten der fünfziger Jahre. Die zweifellos originellste Anlage ist dabei die 1959 von Herbert Baumann gebaute Station an der Deutz-Kalker Straße, deren trapezförmiges Schutzdach aus hauchdünner armierter Betonkonstruktion den entschlossen vorwärts und aufwärts gerichteten Blick der Wirtschaftswunder-Bundesrepublik aufs Genaueste in Architektur übersetzt.

Düsseldorf-Grafenberg, Hochgarage am Lichtplatz

Parkhochhäuser als Bautypus amerikanischen Ursprungs waren in der Zwischenkriegszeit zumal in den von innerstädtischem Platzmangel charakterisierten deutschen Großstädten bereits eingeführte Bautypen. Bekannt ist das Gebäude der »Kant-Garagen«, 1929/30 von Richard Paulick und Hermann Zweigenthal als »Kant-Garagenpalast« als erste Großgarage der Stadt mit sechs Geschossen errichtet. Zwei ineinander greifende Rundrampen im hinteren Gebäudeteil vermitteln den Verkehr. Ganz anders organisiert Paul Schneider-Esleben 1950/51 seine erste deutsche Nachkriegs-Hochgarage: Er hängt zwei beheizte Zufahrtsrampen vor die viergeschossige, allseits verglaste Vorder- und Rückfront. Abgehängt sind diese Rampen am stark auskragenden obersten Riegel der dreibeinigen Stahlbeton-Stockwerksrahmen über Rundstähle. Die stockwerkshohen Verglasungen erlauben den ungehinderten Blick auf die elegant-transparente Konstruktion. Ein Hotel mit 22 Zimmern wurde auf einbeinigen, asymmetrischen Böcken installiert, die die Grundfläche für Garagen- und Wartungsbetrieb freilassen. Das lange Zeit untergenutzte Gebäude ist unlängst sachgerecht überholt, neuen Zwecken zugeführt worden.

Köln-Flittard, Optische Telegrafenstation 50

Kommunikationstechniken als Teil der Verkehrsthematik spielten seit Menschenanbeginn eine Rolle. Wichtig zumeist für militärische Zwecke, verwendete man Licht, Rauch, Schall oder menschliche und tierische Botensignale. Erst mit dem 18. Jahrhundert begannen systematische Experimente und Forschungen, die zur Revolutionszeit in Frankreich in dem von den Brüdern Chappe entwickelten System kulminierten, das sofort aus militärischen Erwägungen als Staatstelegraf mit der Strecke Paris-Lille 1794 in Dienst genommen wurde. In der Folge entwickelte sich auch ein gewisses kommerzielles Interesse an schneller Nachrichtenübermittlung, das u.a. in England ab 1827 zu zwei privat betriebenen Linien führte. In Deutschland gab es ebenfalls ein kommerzielles Interesse der Hamburger Kaufmannschaft an einer optischen Telegrafieverbindung nach Cuxhaven. Preußen entwickelte nach 1825 Interesse an einer solchen Linie, zur schnellen Verbindung mit seinen weit im Osten und Westen gelegenen Provinzen. Daher begann dieser Staat 1832 mit der Einrichtung einer ständigen Telegrafenlinie Berlin-Koblenz. Von den insgesamt 61 Stationen befanden sich die Stationen 29 bis 54 auf später nordrhein-westfälischem Boden. Erkennbar erhalten sind Söven, Spich und Niederzündorf. In Köln-Flittard wurde 1966 bis 1971 die Station Nr. 50 weitgehend wiederaufgebaut und gibt heute einen Eindruck von einem System, das, da verzögert realisiert, nur bis 1848 Dienst tat, um dann vom elektromagnetischen Telegrafen abgelöst zu werden, ein gutes Beispiel für das Endglied einer technologischen Kette (vgl. Kapitel 2).

Köln-Rheinauhafen, Schwerlastkran Herkules

Bewegliche technische Denkmale sind oft ein wenig mit dem Charakter von Findelkindern begabt, über die unterschiedliche Meinungen, was ihren Sinn, Zweck und Verbleib anlangt, herrschen. In der Epoche der Gründungen zahlreicher Technik- und Industriemuseen sind sie gelegentlich auch zum Zankapfel zwischen Museen und Denkmalpflege geworden in einer Neuauflage des Streits, der seit Anbeginn zwischen Freilichtmuseen und Denkmalpflege herrscht. Mittlerweile haben sich die Wogen geglättet und die Fälle, da Denkmalpfleger und Industriemuseumsvertreter an den entgegengesetzten Enden eines Objektes zerren, um es in den eigenen »Besitz« zu bringen, sind selten geworden. Aus der Perspektive der Denkmalpfleger ist der terminus technicus »in situ«, also am authentischen Ort verbleibend, oberstes Credo. Im Falle des Kölner Schwerlastkrans Herkules, genannt »dicker Herkules«, auf dreißig Tonnen Tragkraft ausgelegt von der Firma Stukenholz 1897 als Drehkran erbaut, ist noch eine relative Ortsfestigkeit gegeben, wie sie bei den Halbportalkränen im gleichen Rheinauhafen in Köln oder in weiteren Rheinhäfen (Bonn, Düsseldorf) nicht mehr so augenfällig ist. Das Argument für das Verbleiben am Ort ist natürlich immer, dass alleine so die historischen technischen Abläufe, hier der Umschlagtechnik, augenfällig gemacht werden können. Mit sichtbarem Erfolg gelungen ist dies am Duisburger Innenhafen, wo die zu den Großmühlenanlagen gehörenden Kran- und Elevatoreinrichtungen als Teile des Baudenkmales Mühlen- und Silogebäude jeweils erhalten sind.

Mettmann, Königstraße, Straßenbahn-Triebwagen

Der 1909 für die »Kreis Mettmanner Straßenbahn« als Wagen Nr. 9 beschaffte Triebwagen, der seit 1995 in unmittelbarer Nähe der ursprünglichen Linie in der Mettmanner Innenstadt auf einigen Metern Gleis steht, ist ein gutes Beispiel für die potentiell denkmalwerten Fahrzeuge des Nahverkehrs. Er wurde nach 28-jähriger Tätigkeit im heimischen Netz nach Graz gegeben, wo er bis 1960 im Personenverkehr, bis 1982 als Schmierwagen Dienst tat. 1983 kam er zurück, wurde zunächst in Düsseldorf, dann in Bochum, teilweise ungeschützt abgestellt, was ihn in den Zustand versetzte, aus dem er seither in jahrelanger Arbeit wieder »herausrestauriert« wurde. Seit 1995 steht er am jetzigen Platz, er dient den Stadtführungen als Ausgangspunkt, ist also immer wieder temporär genutzt. Der Standort unter freiem Himmel bekommt allerdings auf Dauer dem einmal restaurierten Fahrzeug nicht gut. Für den Denkmalwert ist das Kriterium erfüllt, dass das bewegliche Objekt einen eindeutigen Ortsbezug aufweist, der durch den jahrzehntelangen Betrieb gegeben ist. Ein anderer Ortsbezug wäre z.B. seine Entstehung am Ort selbst. Problematisch ist oft, dass die Denkmalpflege Wert auf Authentizität legt, die einem Objekt auch seine Alters- und Nutzungsspuren belässt, während Enthusiasten oft einen Zustand »wie neu« anstreben, bei dem oft viel originale Substanz verloren geht.

Köln, Motorschiff »Stadt Köln«

Einen ganz eindeutigen Ortsbezug weist das 1938 von der Stadt Köln bei der renommierten Mainzer Werft Christof Ruthof in Auftrag gegebene Doppelschrauben-Motorschiff auf, das man zum komfortablen Transport von prospektiven, offiziellen Gästen der für 1940 geplanten Internationalen Verkehrsausstellung vorgesehen hatte. In nur knapp dreimonatiger Bauzeit fertiggestellt, lief es am 18. Juni 1938 unter dem Namen »Hansestadt Köln« vom Stapel. Kurzfristig erfüllte es die ihm zugedachten Aufgaben, um dann vorübergehend amerikanischen und französischen Besatzungstruppen zu dienen. Ab 1952 nahm es die alte Tradition der hanseatischen Ratsschiffe wieder auf und wurde vom Rat in repräsentativer Funktion genutzt. Die Charakteristik von Bauweise, Ausstattung und Technik blieb weitgehend unverändert bis auf die durch seinen Charakter als weiter genutztes Verkehrsmittel notwendigen sicherheitstechnischen Anpassungen. Der Veränderungsgrad ist daher in diesem Falle als verhältnismäßig sehr gering anzusehen. Die an ein bewegliches technisches Denkmal zu stellenden Anforderungen sind erfüllt, und der Ortsbezug ist in außergewöhnlich hohem Maße aufgrund der
 Nutzungsgeschichte gegeben. Nicht der Fall war dies z.B. bei einigen Schiffen der Köln-Düsseldorfer Linie, die, am Ende des Krieges auf Grund gesetzt, in den fünfziger und noch einmal in den siebziger Jahren grundlegend verändert worden waren. Auch ein historisch anmutender Rückbau, wie er zeitweilig geplant war, konnte hier nicht zur Wiederherstellung einer Denkmaleigenschaft führen.

Bochum-Dahlhausen, Museumslokomotive des Eisenbahnmuseums Bochum-Dalhausen
Die Einheitsschnellzuglokomotive der Baureihe 01 im Eisenbahn-Museum Bochum Dahlhausen sei hier stellvertretend für die (nach einer Zählung aus dem Jahr 1999) über 10.000 in 438 Sammlungen untergebrachten Triebfahrzeuge betrachtet, ein Bestand, der noch nicht einmal annähernd mit Bezug auf einen den gesetzlichen Definitionen entsprechenden Denkmalwert hin untersucht ist. Gleiches gilt für den zwei Seiten zuvor gezeigten Straßenbahn-Triebwagen, dessen Gegenstücke in der 10.000er-Ziffer mit eingeschlossen sind. So wie Eisenbahnenthusiasten in der Regel kein besonderes Auge für die baulichen Strukturen aus der Vergangenheit »ihres« Verkehrsmittels entwickeln, tun sich die wenigen Spezialisten für Denkmale der Technik noch schwer, zu vermittelbaren Kriterien für den potentiellen Denkmalwert des einzelnen Objekts zu kommen. Ein spezielles Problem ist die Perspektive der meist mit viel Arbeitseinsatz an der Erhaltung historischer Schienenfahrzeuge Beteiligten auf die Herstellung einer bei Übernahme der Objekte nicht mehr gegebenen Betriebsfähigkeit. Ein weiterer Problempunkt ergibt sich aus der Art der Sammeltätigkeit, die oft von Zufällen bestimmt ist und häufig zu sehr heterogenen Beständen führt, aus denen sich Kriterien wie Ortsbezug oder Geschlossenheit eines Sammelgebietes schwer ableiten lassen. Mit dem 1993 gegründeten Verband Deutscher Museums- und Touristikbahnen – VDMT – entwickelt sich ein für diese Frage kompetenter Partner der Industriedenkmalpflege.

Danksagung

An wenigen Publikationsvorhaben war dem Verfasser in den letzten zwanzig Jahren so viel gelegen, wie an dem jetzt vorliegenden Überblick über den Reichtum des industriellen Erbes des Bundeslandes, in dem er seit über einem Vierteljahrhundert als Denkmalpfleger daran mitarbeitet, dieses Erbe zu bewahren. Dieser Hintergrund bestimmt die Grundlage der Sichtweisen und Perspektiven dieses Buches.

Begriff und Praxis einer Industriedenkmalpflege waren anfangs der 1970er Jahre noch so neu in Deutschland, dass eine breite Information des größeren Teils der Öffentlichkeit, die von denkmalpflegerischen Fachpublikationen in aller Regel nicht erreicht wird, dringend geboten schien. Der Verfasser hat deshalb von Anbeginn versucht, dieser Notwendigkeit Rechnung zu tragen. Bestärkt wurde er darin vom damaligen Landeskonservator Günther Borchers, der mit der Entwicklung der »Arbeitshefte« neue Wege der Kommunikation zwischen Denkmalpflege und Gesellschaft ging. Da Arbeit dieser Art nie im Alleingang möglich ist, hat der Autor auch dieses Mal die erfreuliche Pflicht, »Geburtshelfern« und »Hebammen« Dank zu sagen:

Aus der Gruppe Städtebau, Kultur und Denkmalschutz des Ministeriums für Arbeit, Soziales und Stadtentwicklung, Kultur und Sport des Landes Nordrhein-Westfalen sind dies Frau Dr. Birgitta Ringbeck und Herr Rainer Klenner, die dem Projekt im Rahmen des »Jahres der Industriekultur 2000« zum Leben verhalfen. Die beiden Geschäftsführerinnen der Stiftung Industriedenkmalpflege und Geschichtskultur, Frau Dipl.-Ing. Gabriele Heidner und Frau Ursula Mehrfeld übernahmen sodann als Herausgeberinnen die »Aufzucht« in geduldiger Projektbegleitung.

Auf konkrete Information zu einer Vielzahl von Objekten angesprochen, reagierten wie immer schnell, umfassend und kompetent die Kollegen des Referates Industriedenkmale im Westfälischen Denkmalamt in Münster, Herr Dipl.-Ing. Christian Hoebel, Herr Erich Lubahn, Frau Dipl.-Ing. Gaby Podschadli und Frau Dipl.-Ing. Imme Wittkamp, ebenso die Kollegin Frau Dr. Monika Herzog aus meinem eigenen Amt, dem Rheinischen Amt für Denkmalpflege.

Danken möchte ich weiter Herrn Andreas Macat vom Aquarius-Wassermuseum der Rheinisch-Westfälischen Wasserwerksgesellschaft, Mülheim an der Ruhr, sowie für die vielen Informationen zu der bedeutenden Stadt der Technik und Industrie Köln, den Verfassern des 1996 erschienenen Buches »Kölner Wirtschaftsarchitektur« Frau Dr. Henriette Meynen und Herrn Dieter Klein-Meynen. Frau Dr. Juliane Kirschbaum vom Deutschen Nationalkomitee für Denkmalschutz verdanke ich die freundliche Erlaubnis zum Wiederabdruck des Kapitels »Was tun mit den Industriedenkmalen«.

Dank auch an Frau Milena Najdanovic, die seit Jahren erfolgreich darin ist, die Abneigung des Autors gegenüber elektronisch funktionierenden Niederschriftstechniken zu kompensieren.

Ohne die Hilfe aller Vorgenannten wäre das Buch schwerlich zustandegekommen. Es erübrigt sich festzustellen, daß Sichtweisen, Wertungen und Sachangaben ausschließlich in der Verantwortung des Verfassers liegen, dem es nach seiner Herausgeberschaft für Bände ähnlicher Art für andere Bundesländer eine große Freude ist, diese Überschau der Bauten der historischen Industrie und Technik seines eigenen Bundeslandes vorlegen zu können. Keine Region dieses Landes, von der Kölner Bucht bis ins Ostwestfälische, von der Eifel über das Ruhrgebiet bis ins Siegerland, ist von der alle Lebensverhältnisse umstürzenden Phase der Industrialisierung unberührt geblieben. In allen Teilen des Landes überleben Zeugen dieses Prozesses bis in unsere heutige, erneute Umbruchphase zu einem möglicherweise postindustriellen Zeitalter. Möglichst viele dieser Zeugen zu bewahren ist ein Ziel, an dem dieses Buch mitwirken will.

Axel Föhl

Literaturauswahl

Landesgeschichte:

Briesen, Detlef, u.a., Gesellschafts- und Wirtschaftsgeschichte Rheinlands und Westfalens (Schriften zur politischen Landeskunde NRW, Bd. 9) Köln 1995

Janssen, Wilhelm, Kleine rheinische Geschichte (Veröffentlichungen des Instituts für geschichtliche Landeskunde der Universität Bonn) Düsseldorf 1997

Kohl, Wilhelm, Kleine westfälische Geschichte, Düsseldorf 1994

Wirtschafts- und Technikgeschichte:

Burkhard, Wolfgang, Abriß einer Wirtschaftsgeschichte des Niederrheins (Duisburger Hochschulbeiträge, 7) Duisburg 1977

Haubele, Irmgard, Atlas zur Geschichte des Niederrheins (Schriftenreihe der Niederrhein-Akademie, Bd. 4) Essen 1992

Lärmer, Karl, Peter Beyer, Produktivkräfte in Deutschland, Bd. 1: 1800-1870, Bd. 2: 1870-1917/18, Bd. 3: 1917/18-1945, Berlin 1990, 1985, 1988

Ringel, Hermann, Bergische Wirtschaft zwischen 1790 und 1860, Neustadt/Aisch 1966

Treue, Wilhelm, Wirtschafts- und Technikgeschichte Preußens (Veröffentlichungen der historischen Kommission zu Berlin, Bd. 56) Berlin/New York 1984

Weber, Wolfhard, Industrialisierung: Das Ruhrgebiet (Westermann Kolleg Zeit und Gesellschaft, Heft 5) Braunschweig 1982

Kulturgeschichte des Industriezeitalters:

Bullivant, Keith, Hugh Ridley, Industrie und deutsche Literatur 1830-1914, München 1976

Giedion, Sigfried, Die Herrschaft der Mechanisierung. Ein Beitrag zur anonymen Geschichte, Frankfurt/Main 1982 (Erstveröff. 1948)

Hädecke, Wolfgang, Poeten und Maschinen. Deutsche Dichter als Zeugen der Industrialisierung, München/Wien 1983

Literatur im Industriezeitalter Bd. 1 und 2, Ausstellungskatalog Marbach 1987[2]

Klingender, Francis, Kunst und Industrielle Revolution, Dresden 1974 (Erstveröff. 1947)

Schivelbusch, Wolfgang, Geschichte der Eisenbahnreise. Zur Industrialisierung von Raum und Zeit, München/Wien 1977

Sternberger, Dolf, Panorama oder Ansichten vom 19. Jahrhundert, Frankfurt/Main 1974 (Erstveröff. 1938)

Treiber, Hubert, Heinz Steinert, Die Fabrikation des zuverlässigen Menschen. Über die Wahlverwandtschaft von Kloster- und Fabrikdisziplin, München 1980

Industriedenkmalpflege in Nordrhein-Westfalen:

Beckmann, Uwe, Wilhelm Claas: Technische Kulturdenkmale, Heimat und Landschaft, in: Technische Kulturdenkmale 28 (April 1994), S. 2-7

Buschmann, Walter, Industriedenkmalpflege in Westdeutschland, in: Denkmalpflege im Rheinland, 13. Jg. (2/1996), S. 57-66

Föhl, Axel, Industrielles Erbe in der postindustriellen Gesellschaft. 25 Jahre Industriedenkmalpflege im Rheinland, in: Rheinische Heimatpflege 32. Jg. (1/1995), S. 2-13

Zöpel, Christoph, Die Erhaltung technischer Denkmäler in NRW, in: Der Anschnitt, Jg. 41 (Heft 2-4, 1989), S. 115-117

Industriedenkmale International:

Hudson, Kenneth, World Industrial Archaeology, Cambridge 1979

Trinder, Barrie, Axel Föhl u.a. (Hrsg.), The Blackwell Encyclopedia of Industrial Archaeology, Oxford 1992

Industriedenkmale National:

Föhl, Axel, Bauten der Industrie und Technik (Schriftenreihe des deutschen Nationalkomitees für Denkmalschutz, Bd. 47) Bonn 1995

Rödel, Volker, Reclams Führer zu den Denkmalen der Industrie und Technik in Deutschland, Bd. 1 Alte Länder, Bd. 2 Neue Länder, Stuttgart 1992, 1998

Slotta, Rainer, Technische Denkmäler in der Bundesrepublik Deutschland (Veröffentlichungen aus dem Bergbaumuseum Bochum, Nr. 7). Bochum 1975

ders., Elektrizitäts-, Gas- und Wasserversorgung (Bd. 10) Bochum 1977

ders., Die Kali- und Steinsalzindustrie (Bd. 17) Bochum 1980
ders., Der Metallerzbergbau, Teil I und II (Bd. 26) Bochum 1983
ders., Der Eisenerzbergbau, Teil I und II (Bd. 38 und 43) Bochum 1986, 1988

Industriedenkmale Regional:

Busch, Wilhelm, Bauten der 20er Jahre an Rhein und Ruhr. Architektur als Ausdrucksmittel (Beiträge zu den Bau- und Kunstdenkmälern im Rheinland 32) Köln 1993
Föhl, Axel, Technische Denkmale im Rheinland (Arbeitshefte des Landeskonservators Rheinland Bd. 20) Köln 1976
Günter, Roland, Im Tal der Könige. Ein Reisebuch zu Emscher, Rhein und Ruhr, Essen 2000[2]
Paul, Willi, Technische Sehenswürdigkeiten in Deutschland, Band I Schleswig-Holstein, Niedersachsen, Hamburg, Bremen, München 1976
ders., Bd. II Nordrhein-Westfalen, München 1977
ders., Bd. III Hessen, Rheinland-Pfalz, Saarland, Baden-Württemberg, München 1978
ders., Bd IV Bayern, München 1980
ders., Bd V Berlin, München 1980
Sweekhorst, Rolf, Techniktouren, Karten 1 bis 26, Frankfurt/Main 1989 f.
Wittkamp, Imme u.a., Der Bergbau im Ruhrgebiet. Überlegungen zur Erhaltung seiner Denkmäler, Münster 1986

Industriedenkmale Lokal: Aachen:

Busse, Sabine, Zeugen aus Industrie und Technik in der Region Aachen, Aachen o.J.

Industriedenkmale Lokal: Bielefeld:

Böllhoff, Florian u.a., Industriearchäologie in Bielefeld. Geschichte und Fotografie, Ausstellungskatalog

Industriedenkmale Lokal: Borken (Kreis):

Kreis Borken (Hrsg.), Technische Denkmäler, Borken 1983

Industriedenkmale Lokal: Dortmund:

Tempel, Norbert, Industriekultur in Dortmund (Westfälisches Industriemuseum, Kleine Reihe 4) Dortmund 1991

Industriedenkmale Lokal: Eifel:

Fehl, Gerhard, u.a. (Hrsg.), Umbau statt Abriß. Zur Erhaltung des industriellen Erbes in der Euregio Maas-Rhein, Aachen 1995
dies., Mit Wasser und Dampf. Zeitzeugen der frühen Industrialisierung im belgisch-deutschen Grenzraum, Aachen 1991
Meyer, Lutz, 150 Jahre Eisenbahnen im Rheinland. Entwicklung und Bauten am Beispiel der Aachener Bahnen (Beiträge zu den Bau- und Kunstdenkmälern im Rheinland 30), Köln 1989

Industriedenkmale Lokal: Köln

Klein-Meynen, Dieter, Henriette Meynen u.a., Kölner Wirtschaftsarchitektur von der Gründerzeit bis zum Wiederaufbau, Köln 1996

Industriedenkmale Lokal: Mönchengladbach:

Kosche, Thomas, Bauwerke der Mönchengladbacher Textilindustrie (Beiträge zur Geschichte der Stadt Mönchengladbach 24) Mönchengladbach 1986

Industriedenkmale Lokal: Steinfurt (Kreis):

Guddorf, Rolf, Christian Hoebel, Bibliographie zur Wirtschafts-, Sozial- und Technikgeschichte des Kreises Steinfurt, Münster 1992

Verwiesen sei generell auf die Publikationen und Publikationsreihen des Kommunalverbandes Ruhrgebiet (Route der Industriekultur, 1999f;
des Rheinischen Industriemuseums;
der Stiftung Industriedenkmalpflege und Geschichtskultur;
des Westfälischen Industriemuseums

Bildnachweis

Herzog, Monika: Seite 257
Koch, Erika, Düsseldorf: Seite 144
Rheinisches Amt für Denkmalpflege (Steinhoff): Seiten 109, 111
RWE Energie AG, Essen: Seite 205
Stiftung Industriedenkmalpflege und Geschichtskultur (Sannemann): Seite 95
Westfälisches Amt für Denkmalpflege: Seiten 89, 173, 258
Westfälisches Amt für Denkmalpflege (Bönnighausen): Seiten 82, 87
Westfälisches Amt für Denkmalpflege (Luban): Seiten 85, 240
Westfälisches Amt für Denkmalpflege (Nieland): Seiten 163, 173, 209

Alle übrigen Abbildungen befinden sich im Archiv des Autors

Das Umschlagmotiv zeigt den zwischen 1905 und 1916 entstandenen Lohnhallen/Waschkauenbau der Zeche Westhausen in Dortmund-Bodelschwingh in einer Art Monumental-Jugendstil

Ortsverzeichnis

die industriedenkmal stiftung

Die nordrhein-westfälische Stiftung Industriedenkmalpflege und Geschichtskultur ist die bundesweit erste Stiftung, die sich für den Erhalt von Industriedenkmalen einsetzt. Sie wurde im Jahre 1995 gegründet, um Industriedenkmale, für die sich momentan keine Nutzung abzeichnet, in ihre Obhut zu nehmen, mit dem Ziel, sie zu erhalten, sinnvoll zu nutzen, wissenschaftlich zu erforschen und öffentlich zugänglich zu machen. Bislang zählen zwölf Denkmale der Montangeschichte dazu, jedoch ist die Stiftung auch für alle anderen Industriezweige offen.

Stiftung Industriedenkmalpflege
und Geschichtskultur
Geschäftsstelle Kokerei Hansa
Emscherallee 11 · 44369 Dortmund

Tel. 0231 9311220
Fax 0231 93112210

Mail: industriedenkmalpflege@t-online.de
Internet: www.industriedenkmal-stiftung.de

Axel Föhl, aufgewachsen in Düsseldorf, dem »Schreibtisch des Ruhrgebiets«, ist nach dem Studium der Anglistik, Kunstgeschichte und Geschichte seit 26 Jahren Industriedenkmalpfleger im Rheinland.
Zahlreiche Publikationen auf diesem Gebiet, u.a. »Technische Denkmale im rheinland« (1976), »Sterbende Zechen« (1983), »Die Industriegeschichte des Wassers« (1985), »Die Industriegeschichte des Textils« (1988, die letzten drei Titel zusammen mit Manfred Hamm), »Bauten der Industrie und Technik« (für das Deutsche Nationalkomitee für Denkmalschutz, 1995), Mitherausgeber von »Blackwell's Encyclopedia of Industrial Archaeology« (Oxford 1992). Er lebt und arbeitet in Düsseldorf, Delft und Berlin.